Feuerbauchmolche

Pflege und Zucht

von
Michael Franzen & Ursula Franzen

mit 82 farbigen Abbildungen

HERPETON
Verlag Gunther Köhler

Titel vorne:
oben: *C. ensicauda popei*
unten links: *C. pyrrhogaster sasayamae*
unten rechts: Ei von *C. orientalis*

Abb. S. 1: *C. pyrrhogaster sasayamae*

Michael Franzen & Ursula Franzen
Feuerbauchmolche
Pflege und Zucht
Frankfurt: Herpeton, 2005, 2021
ISBN 3–936180-15-6

Fotos und Zeichnungen: Michael Franzen,
wenn nicht anders angegeben
Layout und Satz: Elke Köhler, Offenbach

Inhalt

Einleitung

Feuerbauchmolche der Gattung *Cynops* sind echte "Klassiker" der Amphibienhaltung. Die ersten Berichte über Import, Haltung und Zucht dieser Tiere reichen schon rund hundert Jahre zurück. So berichtete der Magdeburger Molchforscher WILLY WOLTERSTORFF schon 1898 über Importe des Japanischen Feuerbauchmolchs (*Cynops pyrrhogaster*) nach Deutschland. Heute haben einige Vertreter der Gattung ihren festen Platz in der Aquarienhaltung. Dies liegt sicher daran, dass sich *Cynops*-Arten wie nur wenige andere Schwanzlurche für die dauerhafte Pflege in Zimmeraquarien eignen und die technischen Voraussetzungen für eine erfolgreiche und langjährige Haltung und Zucht eher einfach sind. Hinzu kommt die Exotik der Tiere, ihr teils bizarres Aussehen und nicht zuletzt oft auch ihr relativ günstiger Preis.

Die Kehrseite der Medaille waren und sind Massenimporte. Was ehedem eine exotische Kostbarkeit aus fremden und unbekannten Ländern war, wurde schnell zum Massenprodukt der Heimtierindustrie. Als Resultat findet man im Einzelhandel oft traurige Ansammlungen gesundheitlich angeschlagener Feuerbauchmolche im hintersten Aquarium, gleich neben dem Mülleimer. Dass der Zoohandel mit einer Beratung zur Haltung der Tiere fachlich oft überfordert ist, stellt auch heute noch eher die Regel als die Ausnahme dar.

Mit dem vorliegenden Büchlein wollen wir aus unserer nunmehr über 20-jährigen Erfahrung mit verschiedenen Feuerbauchmolch-Arten vor allem Einsteigern eine Anleitung an die Hand geben, um ihre Tiere fachgerecht zu halten und zur Nachzucht zu bringen. Darüber hinaus hoffen wir, auch Kennern der Arten noch die eine oder andere Anregung geben zu können. Im Vordergrund stehen dabei die drei häufig gehaltenen Arten *Cynops orientalis*, *C. pyrrhogaster* und *C. ensicauda*. Auf die wesentlich selteneren restlichen Arten der Gattung können wir dagegen nur am Rande eingehen.

Abb. 1. Der Name Feuerbauchmolch leitet sich von der roten Bauchfärbung der meisten Arten ab (hier ein Männchen von *Cynops orientalis*).

Systematik und Wissenschaft

Abb. 2. Zur Paarungszeit im Frühjahr sind die Männchen von *Cynops pyrrhogaster* oft besonders intensiv gefärbt.

Die Ostasiatischen Wassermolche oder auch Feuerbauchmolche (Gattung *Cynops*) gehören innerhalb der Schwanzlurche (Urodela) zu der Familie der so genannten "Echten Salamander und Molche" (Familie Salamandridae). Zu dieser in Europa besonders artenreichen Schwanzlurchfamilie gehören so bekannte Arten wie Feuer- und Alpensalamander (*Salamandra salamandra*, *Salamandra atra*) oder Teich-, Berg- und Kammmolch (*Triturus vulgaris*, *T. alpestris*, *T. cristatus*) oder etwa Rippenmolche (*Pleurodeles*) und Brillensalamander (*Salamandrina*). Die Familie ist vorwiegend in Europa und Ostasien verbreitet, weist aber mit den Gattungen *Taricha* (Gelbbauchmolche) und *Notophthalmus* (Ostamerikanischen Wassermolche) auch einen nordamerikanischen "Zweig" auf.

Die Arten, von denen hier die Rede sein soll, werden heute in die Gattung *Cynops* gestellt. Dies war allerdings nicht immer so. So wurden zum Beispiel die schon im 19. und am Anfang des 20. Jahrhunderts der Wissenschaft bekannten Arten unter den Gattungsnamen *Triton* und *Molge* beschrieben (vgl. auch Anhang). Selbst Ende der 1960er Jahre fassten noch einige Wissenschaftler die heutigen *Cynops*-Arten als Vertreter der Gattung *Triturus* auf, hielten sie also für gattungsgleich mit den europäischen

Die Arten der Gattung *Cynops*

Cynops ensicauda
Cynops pyrrhogaster
Cynops orientalis
Cynops wolterstorffi
Cynops cyanurus
Cynops orphicus
Cynops chenggongensis

Molchen, etwa dem Teichmolch (*Triturus vulgaris*). Die Gründe hierfür waren im Wesentlichen auf einem generell ähnlichen Aussehen und Verhalten sowie der vergleichbaren Lebensweise der europäischen Molche und der ostasiatischen Arten begründet. Heute steht allerdings auf der Basis detaillierter anatomischer, genetischer und verhaltensbiologischer Untersuchungen außer Frage, dass die nächsten Verwandten von *Cynops* nicht etwa die europäischen Molche sind, sondern die auch geographisch benachbarten Gattungen *Pachytriton* und *Paramesotriton* aus China, Vietnam und Laos (vgl. z.B. Chan et al. 2000).

Heute sind insgesamt sieben *Cynops*-Arten bekannt, deren Verbreitung auf Teile von China und Japan beschränkt ist. Dabei findet man in Japan den Schwertschwanzmolch (*C. ensicauda*) und den Japanischen Feuerbauchmolch (*C. pyrrhogaster*), während der Chinesische Feuerbauchmolch oder Chinesische Zwergmolch (*Cynops orientalis*) sowie *C. wolterstorffi*, *C. cyanurus*, *C. orphicus* und *C. chenggongensis* in China leben.

Die geographische Variation und die Verwandtschaftsbeziehungen einiger der hier behandelten Arten waren schon lange Gegenstand taxonomisch-systematischer Untersuchungen. Während einige Fragen der Vergangenheit (z.B. ob es sich bei *pyrrhogaster*, *orientalis* und *ensicauda* wirklich um Angehörige verschiedener Arten handelt) heute lange Geschichte sind, befinden sich andere Fragen noch in einem sehr unbefriedigendem Klärungsstadium. So sind viele Aspekte aus dem Leben der Tiere bis heute völlig unerforscht. Die Probleme reichen von systematisch-taxonomischen Fragen bis hin zu den praktisch unbekannten Lebensweisen fast aller Arten. Zum Beispiel lassen sich selbst über den häufigen *Cynops orientalis* in der westlichen Literatur kaum verlässliche Angaben etwa zur Nutzung der Lebensräume finden. Dabei wird die Art beispielsweise in China in Tempeln gehalten (Chang & Boring 1935: 329) und sogar auf Haustiermärkten angeboten. Aus biologischer Sicht völlig unbekannt sind auch die selteneren chinesischen Arten. So wurden bisher von den teils erst vor wenigen Jahren entdeckten Arten *C. chengonggensis, C. orphicus* und *C. wolterstorffi* jeweils nur wenige, teils sehr abgelegene Fundorte bekannt. Sinngemäß kann also auch heute noch für den Großteil der Gattung gelten, was der Molchforscher W. Wolterstorff im Jahr 1898 über *C. pyrrhogaster* schrieb: "Auch über die Lebensgewohnheiten dieses gemeinsten japanischen Molches sind wir noch ungenügend unterrichtet [...] mögen auch manche japanische Gelehrte hierüber Erfahrungen gesammelt haben."

Feuerbauchmolche in der Natur

Habitate und Lebensweise

Im Jahre 1905 schrieb einer der Pioniere der Terrarienkunde in Deutschland, der Arzt und Amateurherpetologe PAUL KREFFT anlässlich seiner Japan-Reise über *Cynops pyrrhogaster*: "Meiner Schätzung nach übertrifft der feuerbäuchige Molch an Häufigkeit fast noch unsere vier deutschen Tritonen zusammengerechnet; ich kann mich überhaupt nicht entsinnen, jemals einen Wassergraben in Japan, sei es im Walde oder auf dem Felde oder in städtischen Anlagen und Tempelhainen, untersucht zu haben, ohne auf diesen schwarzen, grobkörnigen Gesellen zu stoßen." Heute haben sich auch in Japan die Zeiten geändert. In den wenigen Ebenen des Landes ist inzwischen in landwirtschaftlichen Nutzflächen, ausufernden Siedlungen und Industriestandorten nur noch wenig vom KREFFT'schen Bild eines beinahe allgegenwärtigen Tieres zu finden. Tatsächlich scheint *C. pyrrhogaster* in den Ebenen Japans heute aufgrund von Lebensraumzerstörungen selten geworden zu sein. Aus den KREFFT'schen Schilderungen wird aber sehr deutlich, dass es sich bei *C. pyrrhogaster* um eine anpassungsfähige Stillwasser-Art mit einem weiten Lebensraumspektrum handeln muss. So nennen MARUNOUCHI et al. (2000) als Fundorte ihrer Tiere im Nordwesten der Insel Shikoku auch aufgelassene und bewirtschaftete Reisfelder, Tümpel, Quellen und sogar Fließgewässer in Höhen zwischen 120 und 1140 m.

Abb. 3. Eine sumpfige Wiese auf der japanischen Insel Zamami, wo *Cynops ensicauda popei* in großer Anzahl vorkommt und in kleinen Tümpeln ablaicht (Foto: M. SPARREBOOM).

Am besten sind uns die Lebensräume und die Lebensweise von *Cynops ensicauda popei* bekannt. Daten hierzu wurden insbesondere von SPARREBOOM & OTA (1995) vorgestellt. Die Autoren fanden auf der Insel Zamami erwachsene Molche teils in großen Stückzahlen in verschiedenen, sehr flachen (ca. 2 cm) bis tiefen (ca. 100 cm), meist stark eingewachsenen Kleingewässern, wie etwa künstlich ausgehobenen Teichen, die als Viehtränken dienen, Tümpeln innerhalb von Wiesenvernässungen und in Straßengräben. Besonders in der Nacht und am Tag bei Regen wurden auch zahlreiche Tiere auf dem Land beobachtet. Jungtiere waren dagegen ausschließlich in Landlebensräumen zu finden. Als Beute wurden Eier und einmal ein Jungtier der eigenen Art,

Regenwürmer und Landschnecken, kleine Wasserschnecken, Wasserläufer sowie einmal ein kleiner Fisch festgestellt. Da die Autoren während ihrer Untersuchung im April gleichzeitig nicht paarungsbereite sowie sich paarende erwachsene Tiere, frischen Laich, Larven aller Entwicklungsstadien sowie gerade umgewandelte Jungtiere vorfanden, schließen sie auf eine sehr lang gestreckte Laichzeit, die sich eventuell von Oktober bis Juni oder Juli erstreckt.

Über die Lebensräume des chinesischen Feuerbauchmolchs *C. orientalis* liegen bisher am wenigsten Informationen vor. CHANG & BORING (1935) beschreiben einige Laichgewässer der Art in den Provinzen Jiangsu und Zhejiang und charakterisieren sie als kühle, manchmal beschattete, teils pflanzenreiche, stehende Gewässer mit klarem Wasser.

Der Jahresverlauf der Temperaturen in Verbreitungsgebieten von *Cynops*-Arten ist im Klimadiagramm dargestellt. Für die drei Stationen, die alle in Küstenbereichen liegen, fallen relativ milde aber deutlich ausgeprägte Winter und vergleichsweise hohe Sommertemperaturen auf. Besonders die weit südlich gelegene Station Okinawa weist mit ihren relativ hohen Wintertemperaturen schon deutliche tropische Einflüsse auf. Andererseits muss in den gebirgigen Teilen der Insel Honshu in den Wintermonaten durchaus auch mit Frost und Schneefällen gerechnet werden. Das Klimadiagramm kann aber nur einen ungefähren Eindruck über den jährlichen Verlauf der Temperaturen geben, da hier zum einen nur mittlere Monatswerte dargestellt sind (die sich aus Tag- und Nachtwerten eines gesamten Monats mitteln), zum anderen die Temperaturen in den Habitaten der Tiere (Gewässer mit unterschiedlicher Beschattung/Besonnung, Tiefe, eventuell auch kühler Quellspeisung), im Einzelnen stark abweichen können.

Abb. 4. Auf einem Haustiermarkt in Chengdu (China) werden *Cynops orientalis* angeboten (Foto: K.-D. KÜHNEL).

KLIMA

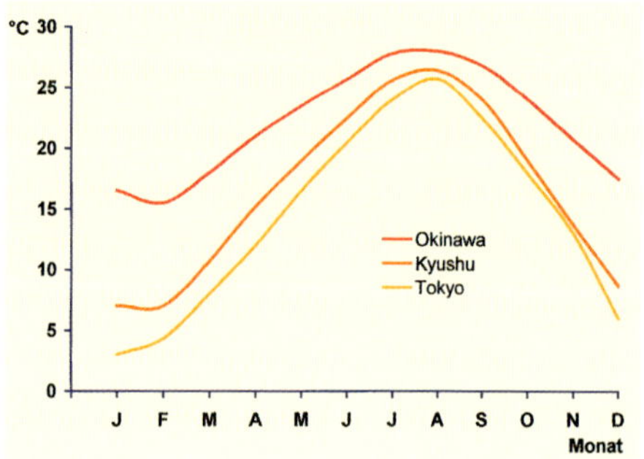

Jährlicher Temperaturverlauf in drei Gebieten mit Vorkommen von *C. ensicauda popei* (Okinawa) und *C. pyrrhogaster* (Tokyo, Kyushu). Angegeben sind mittlere Monatstemperaturen.

Aussehen

Abb. 5. Weibchen von *Cynops pyrrhogaster* sind oft relativ unscheinbar gefärbt.

Die hier näher behandelten drei Arten *Cynops ensicauda*, *C. orientalis* und *C. pyrrhogaster* haben alle ein recht ähnliches Aussehen: Ihre Oberseiten sind recht düster, dunkelbraun bis schwarz, gefärbt. Während der Paarungszeit können besonders Männchen allerdings auch auffällige blaue Zeichnungselemente auf Rücken und am Schwanz besitzen. Im Gegensatz zu der düsteren Oberseitenfärbung fallen die Unterseiten der Feuerbauchmolche durch helle, orangefarbene bis rötliche Farbtöne auf. Alle Arten weisen auf dem Bauch ein dunkles Fleckenmuster auf, dessen Ausprägung und Ausdehnung von der jeweiligen Art, der Population und vom Alter des Tieres abhängig sind. So besitzen zum Beispiel Jungtiere von *Cynops pyrrhogaster sasayamae* große, schwarze Flecken auf dem Bauch, während diese bei erwachsenen Tieren so stark zusammenfließen, dass dort eine Netzzeichnung entsteht (vgl. Artbeschreibung, Abb. 66 und 69).

Abgesehen von der schon oben angesprochenen Prachtfärbung der Männchen zur Paarungszeit sind Feuerbauchmolche nur in beschränktem Umfang zu einem Farbwechsel fähig. Am ehesten ist dies noch bei Larven zu beobachten. Setzt man die Tiere hellem Licht aus, dehnen sich die dunklen Pigmentzellen in der Haut aus und die Tiere erscheinen dunkel. Umgekehrt ziehen sich die Zellen in der Dunkelheit zusammen und die Larven erscheinen hell. Dieser Farbwechsel kann in relativ kurzer Zeit, innerhalb von wenigen Minuten stattfinden. Bei sehr alten Tieren kann man mit den Jahren ein Verblassen der farbigen Bereiche des Körpers beobachten. So verlieren sich die roten Bauchfarben aller Tiere und die blaue Prachtfärbung der Männchen fast völlig.

Alle Feuerbauchmolche besitzen eine mehr oder weniger stark gekörnte Haut, die besonders bei landlebenden Tieren sehr rau und warzig aussehen kann. Bei einigen Arten findet sich ent-

Abb. 6a-c. Auf dieser Bildserie kann man erkennen, dass die Verdüsterung der Färbung durch die Ausdehnung von dunklen Pigmentzellen erfolgt (Larve von *Cynops ensicauda popei*).

Abb. 7. Bei diesem etwa 20 Jahre alten Weibchen von *Cynops pyrrhogaster sasayamae* ist die einstmals intensiv rote Bauchseitenfärbung völlig verblasst.

Abb. 8. Ein Jungtier von *Cynops ensicauda ensicauda* mit stark warziger Haut und deutlich erkennbarer Rückenleiste.

lang der Rückenmitte eine deutlich abgesetzte Kielung, die so genannte Rückenleiste. Die teils zusätzlich im Übergangsbereich von Rücken und Flanken auftretenden Längskiele werden Dorsolateralleisten genannt.

Im Hinterkopfbereich besitzen Feuerbauchmolche, wie viele andere Schwanzlurche, auffällige, seitlich hervorstehende, manchmal sogar lappenartige Drüsenpakete, die so genannten Ohrdrüsen oder Parotiden. Aus diesen und auf dem ganzen Körper verteilten weiteren Drüsen sondern die Tiere bei Gefahr und Stresseinwirkung ein weißliches Hautgift ab (Abb. 19), das man auch sofort durch einen auffälligen bitteren, teils Petersilie-ähnlichen Geruch wahrnimmt. Das Gift kann bei empfindlichen Personen Hautreizungen verursachen, macht sich aber nach eigenen Erfahrungen vor allem durch ein unangenehmes Brennen bemerkbar, wenn es in offene Wunden, in die Augen und auf Schleimhäute gerät (vgl. auch Abschnitt "Pflege").

Abb. 9. Bei diesem brünftigen *Cynops pyrrhogaster*-Männchen sind gut die auffällig hervorstehenden Ohrdrüsen (Parotiden) zu erkennen.

Der Schwanz der *Cynops*-Arten ist seitlich abgeflacht und besonders bei den Männchen zur Paarungszeit oben und

unten verbreitert. Im Gegensatz zu den heimischen Molch-Arten fehlen den Männchen von *Cynops* aber zur Paarungszeit die auffälligen Hautsäume und –kämme auf dem Rücken.
Die Gesamtlängen ausgewachsener Feuerbauchmolche liegen zwischen rund 7 (kleine *Cynops orientalis*-Männchen) und knapp 18 cm (*C. ensicauda*).
Die Geschlechter sind bei *Cynops* außerhalb der Paarungszeit in den Frühjahrsmonaten nicht immer sicher zu erkennen. Als relativ sicheres Merkmal kann man hier noch die im Verhältnis längeren Schwänze der Weibchen anführen (vgl. auch Abb. 52 im Abschnitt "Nachzucht"). Da dieses Merkmal jedoch einer großen individuellen Variation unterliegt, sind genaue Maßangaben allerdings kaum möglich. Am besten vergleicht man die fraglichen Tiere direkt miteinander.

Abb. 10. Schwanzenden eines Weibchens (oben) und Männchens (unten) von *Cynops pyrrhogaster sasayamae*.

Abb. 11. Kloakenregion eines Männchens (links) eines Weibchens (rechts) von *Cynops pyrrhogaster sasayamae*.

Während der Paarungszeit ist ein Erkennen der Geschlechter bei allen drei hier behandelten Arten jedoch sofort und sicher anhand der bei den Männchen stark kugeligen Schwellung der Kloake (Geschlechtsöffnung) möglich. Nähere Informationen zum Aussehen und zu charakteristischen Merkmalen der einzelnen Feuerbauchmolch-Arten sind in den Artbeschreibungen am Ende des Buches zusammengestellt.

Merkmal	Männchen	Weibchen	Bemerkungen
Schwellung der Kloake	ja	nein	alle Arten
Blaufärbung Körper	ja	nein	nur bei einzelnen *C. pyrrhogaster*-Exemplaren
Blaufärbung Schwanz	ja	nein	nicht bei *C. e. popei* und *C. pyrrhogaster* der Atsumi-Population
relative Schwanzlänge	kurz	lang	alle Arten; weniger deutlich bei *C. pyrrhogaster*
Schwanzfaden	lang	kurz, fehlend	nur *C. pyrrhogaster*, kein Schwanzfaden bei Männchen der Kanto-Population

Tab. 1. Übersicht über Geschlechtsunterschiede bei *Cynops* zur Paarungszeit.

Verhalten

Abb. 12. Tagsüber ruhen Feuerbauchmolche gerne in Schwimmpflanzenteppichen nahe der Wasseroberfläche, wie dieses Männchen von *Cynops orientalis*.

Abb. 13. Ein *Cynops orientalis*-Weibchen kurz vor dem Luftholen.

Feuerbauchmolche sind eher ruhige Tiere, die sich tagsüber gerne in Höhlungen oder zwischen Pflanzen verbergen und nur ab und an zum Luftholen auftauchen. Auch verweilen die Tiere gerne in Pflanzenteppichen dicht unter der Wasseroberfläche.

Die meisten Aktivitäten, die man außerhalb der Paarungszeit beobachten kann, beziehen sich auf die **Futtersuche**. Dabei wird der Bodengrund des Aquariums sorgfältig auf das Vorhandensein auch kleinster Futtertiere abgesucht. Ist einmal etwa ein einzelner *Tubifex*-Wurm entdeckt, wird dieser fixiert und dann mit einem plötzlichen Saugschnappen in den Mundraum befördert. Dabei wird das Maul so schnell geöffnet, dass der entstehende Sog das Futtertier nach innen befördert. Größere Futtertiere, wie etwa Regenwürmer, werden dagegen mit den Kiefern gepackt und nach und nach in einem Stück heruntergeschluckt.

Abb. 14. Ein Weibchen von *Cynops orientalis* stellt sich tot. Lediglich der eingerollte Schwanz "verrät" das Tier.

Bei der Haltung der Tiere kann man immer wieder auch beobachten, wie sich das ein oder andere Tier scheinbar verzweifelt windet und krümmt und sich dabei auch selbst zu beißen scheint. In diesem Fall besteht allerdings kein Grund zur Beunruhigung, denn der Vorgang gehört zum Leben der Molche und ist ganz normal. Das Tier befindet sich in der **Häutung** und streift dabei die alte Haut teils auch mit dem Maul ab. Die oberste dünne Hornschicht der Epidermis der Tiere wird nämlich in regelmäßigen Abständen abgestoßen und erneuert. Manchmal frisst das Tier die Haut auf, manchmal verbleibt sie aber auch als im Wasser schwebende, transparente Hülle zurück.

Besonders bei der Handhabung frisch importierter Exemplare kann man manchmal ein **"Totstell"-Verhalten** beobachten. Die Tiere zeigen dabei plötz-

Abb. 15. Große Futtertiere wie Regenwürmer werden mit den Kiefern gepackt und nach und nach in einem Stück heruntergeschluckt.

Abb. 16. Zu Beginn der Paarung baut sich ein *Cynops ensicauda popei*-Männchen im Rechten Winkel vor dem Weibchen auf und wedelt ihm mit dem Schwanz Duftstoffe zu (Foto: M. Sparreboom).

lich keine Regung mehr und lassen sich beispielsweise auch auf den Rücken legen. Zusätzlich wird oft noch der giftige Hautschleim abgesondert. Werden die Tiere nicht mehr beunruhigt oder angefasst, kehren sie aber schon nach wenigen Augenblicken wieder "ins Leben zurück".

Die auffälligsten Verhaltensweisen von Feuerbauchmolchen kann man aber im Zusammenhang mit der **Paarung** beobachten. Hierbei finden Paarungsspiele statt, die in ähnlicher Form auch von anderen wasserbewohnenden Molchen (etwa den einheimischen *Triturus*) bekannt sind. Das Paarungsverhalten von *Cynops* wurde bisher schon bei *C. pyrrhogaster*, *C. ensicauda* und *C. orientalis* dokumentiert (vgl. besonders Kawamura & Sawada 1959, Sawada 1963b, Sparreboom 1994, 1996, Sparreboom & Ota 1995, Sparreboom & Mouta Faria 1997). Generell läuft die Paarung bei den *Cynops*-Arten immer nach einem ähnlichen Grundmuster ab, wobei allerdings zwischen Arten und sogar einzelnen "Formen" Unterschiede bestehen (vgl. dazu auch Artbeschreibung *C. pyrrhogaster*). Für *C. orientalis* beschreiben Sparreboom & Mouta Faria (1997) das Paarungsverhalten nach folgenden Muster: Das Paarungsspiel beginnt, wenn das Männchen ein Weibchen optisch oder an seinem Geruch erkannt hat. In der Regel erfolgt dann die Annäherung des Männchens von hinten oder von der Seite und das Weibchen wird ausgiebig beschnüffelt. Wenn sich das Weibchen abwendet wird es mit kurzen und kräftigen Schwimmbewegungen verfolgt. Das

Abb. 17. Im Schatten unter dem Schwanz des *Cynops ensicauda ensicauda*-Männchens kann man einen gerade abgesetzten Samenträger erkennen. Gut zu sehen sind auch die Wellenbewegung des Schwanzes (Foto: M. SPARREBOOM).

Männchen versucht dann, sich vor dem Weibchen aufzubauen, um mit seinem Schwanz auffällig in Richtung des Kopfs des Weibchens zu wedeln. Dabei werden wahrscheinlich Duftstoffe aus der Kloakenregion übertragen. Oft sondert das Männchen zum Ende des Wedelns einige Luftblasen aus dem Maul ab. Danach wendet sich das Männchen vom Weibchen ab und kriecht langsam vor ihm her. Dabei werden mit dem Schwanz Wellenbewegungen gemacht. Das Weibchen folgt dem Männchen und berührt dabei die Schwanzbasis des Männchens mit der Schnauze. Schließlich stoppt das Männchen und setzt einen Samenträger (Spermatophore) auf den Boden ab. Danach kriecht es weiter. Das Weibchen folgt dem Männchen und nimmt dabei das Samenpaket mit ihrer Kloake auf. Zum Abschluss einer solchen Sequenz, die natürlich an jeder Stelle unterbrochen werden und auch diskontinuierlich verlaufen kann, beißt das Männchen das Weibchen oft in die Flanke oder in ein Bein und verharrt so für einen Moment.

Über die tageszeitliche Aktivität von Feuerbauchmolchen liegen bisher nur Informationen von *C. pyrrhogaster* vor. Unter halb-natürlichen Bedingungen stellten NAGAI & OISHI (1998) fest, dass die Tiere im Wasser im Frühjahr und Frühsommer eher tagaktiv waren und vom Sommer in den Herbst eher nachtaktiv. Die frühjährlichen Paarungsaktivitäten fanden vor allem in den frühen Morgenstunden und am Abend statt. Während des Landlebens waren die Tiere dagegen ganz überwiegend nachtaktiv.

Pflege

Erwerb der Tiere

Die Feuerbauchmolche, die derzeit im Einzelhandel angeboten werden, stammen in aller Regel aus Massenimporten der Zierfisch-Großhändler. Dies gilt insbesondere für *Cynops orientalis*, der in den letzten Jahren in großen Stückzahlen aus China eingeführt wurde. Abgesehen von den ethischen Problemen und Fragen des Naturschutzes, die solche Importe mit sich bringen, liegen die Nachteile auf der Hand. Durch die Massenhaltung, insbesondere auch die mit einer unzureichenden Pflege verbundene "Bevorratung", gelangen viele Tiere krank und in schlechtem Ernährungszustand in den Einzelhandel (vgl. auch Abb. 4).

Als Alternative bietet es sich hier vor allem an, Tiere aus Nachzuchten zu beziehen. Dabei handelt es sich allerdings meist um Jungtiere, die noch zwei bis drei Jahre bis zum Erreichen der Geschlechtsreife benötigen. Für alle drei hier ausführlich besprochenen Arten existieren mittlerweile gut etablierte Zuchtgruppen bei verschiedenen Züchtern. Für den Bezug von Nachzuchttieren sprechen die folgenden Gründe:
Man erhält in aller Regel gesunde und gut eingewöhnte Tiere. Durch den Bezug von Nachzuchttieren vermeidet man den Fang und den Import von Wildtieren, entlastet also die frei lebenden Populationen. Anfänger erhalten über den Züchter wichtige persönliche Tipps zu Haltung und können erste Kontakte zu anderen Haltern knüpfen.

Schließlich muss man auch sagen, dass *C. pyrrhogaster* und *C. ensicauda* derzeit praktisch nicht importiert werden, so dass der Käufer hier also in aller Regel ohnehin auf den Bezug von Nachzuchttieren angewiesen ist. Diese Vorteile von Nachzuchttieren wiegen unseres Erachtens aber die Mühe bei der Aufzucht und die manchmal schlechte, von der Jahreszeit abhängige Verfügbarkeit auf. Am Ende des Buches führen wir einige Adressen und Anlaufstellen auf, die die Suche nach Züchtern von Feuerbauchmolchen erleichtern.

Generell sollten Sie beim Kauf von Molchen darauf achten, dass die Tiere gut genährt sind (keine hervorstehenden Rippen und Beckenknochen) und keine offenen Verletzungen der Haut haben oder gar äußerlich sichtbare Geschwüre und Hautveränderungen aufweisen. Falls Sie eine Nachzucht anstreben, empfehlen wir ein leichtes Überwiegen der Weibchen. Eine kleine Zuchtgruppe sollte demnach aus wenigstens zwei Männchen und drei Weibchen bestehen.

Abb. 18. Besonders frisch importierte *Cynops orientalis* verlassen häufig das Wasser.

Besatzdichte

Eine grobe Orientierung zur Besatzdichte von Aquarien für wasserlebende Schwanzlurche geben die "Allgemeinen Haltungsrichtlinien für Molche und Salamander" die von der Arbeitsgemeinschaft Urodela der DGHT (vgl. S. 80) erarbeitet wurden. Danach kann man die ungefähr nötige Behältergröße nach der folgenden Formel berechnen: Gesamtlänge des Tieres in cm x 0,01 = Grundfläche des Behälters für zwei Tiere in m^2. Für jedes weitere Tier ist der resultierende Wert mit 1,25 zu multiplizieren. Bei zwei Exemplaren von 10 cm Längen berechnet sich die Fläche also: 10 x 0,01 = 0,1 m^2. Dies entspricht in etwa einer Grundfläche von 40 x 25 cm für ein Paar, beziehungsweise etwa 40 x 30 cm für drei Tiere. Wir empfehlen, sich nach der von BACHHAUSEN (2003b) vorgeschlagenen Mindestgröße für *Cynops*-Aquarien zu richten. Danach sollte man als Faustregel je Zentimeter Molch etwa 1 Liter Wasser veranschlagen. Dies entspräche einem Mindestvolumen von etwa 28 l für vier jeweils 7 cm lange *Cynops orientalis* oder von mindestens 60 Litern für vier jeweils 15 cm lange *C. ensicauda*. Höhere Besatzdichten können aber durchaus sinnvoll sein, etwa bei der Haltung von Jungtieren oder wenn man neue oder kranke Tiere zur Beobachtung separat halten muss.

Eingewöhnung

Neu erworbene Tiere, insbesondere Wildfänge, sollten auf keinen Fall sofort zu gesunden, schon bestehenden Gruppen gesetzt werden. Die Gefahr der Übertragung einer Krankheit auf den gesamten Bestand ist hier einfach zu groß. Wir setzen neue Tiere erst einmal in ein Eingewöhnungsbecken mit flachem, etwa 5-10 cm hohem Wasserstand ohne Bodengrund, mit einer kleinen Korkinsel und einigen schwimmenden Ranken Wasserpest oder Hornblatt. Hier können die Neulinge eine Zeitlang beobachtet und zum Beispiel ihre Nahrungsaufnahme kontrolliert werden. Erst wenn man sich nach einigen Wochen sicher ist, dass die Tiere gesund sind, sollten sie zu schon bestehenden Gruppen gesetzt werden.

Frisch importierte Tiere, die lange "trocken" transportiert und nicht optimal gehalten wurden, neigen manchmal dazu, das Wasser dauerhaft zu verlassen. Man bemerkt dies, wenn die Tiere auffällig oft versuchen in den Behälterecken das Wasser zu verlassen, sich permanent auf der Korkinsel aufhalten oder gar panisch an der Wasseroberfläche umher schwimmen, sobald sie in tiefes Wasser geraten. In vielen Fällen kehren die Tiere nach Tagen oder Wochen freiwillig zu einem Wasserleben zurück. In seltenen Fällen halten sich Einzeltiere aber dauerhaft auf der Korkinsel auf. Hier hilft nur ein zeitweiser Umzug in ein separates Aqua-Terrarium oder gar in ein Terrarium. Spätestens nach der Winterruhe, zur nächsten Paarungszeit im Frühjahr, sollte man die Tiere aber wieder an ein vollständiges Wasserleben gewöhnen können. Hierzu werden die Tiere in ein Aquarium mit einem Wasserstand von etwa ein bis zwei Zentimetern umgesetzt, der dann schrittweise über einen Zeitraum von ein bis zwei Wochen erhöht werden sollte. Um ein Ertrinken zu verhindern, sollte der Behälter viele Wasserpflanzen und eine Korkinsel enthalten.

Vergesellschaftung

Generell raten wir von einer gemeinsamen Haltung verschiedener Feuerbauchmolch-Arten ab. Gerade sehr unterschiedlich große Arten wie *Cynops ensicauda* und *C. orientalis* sollten auf gar keinen Fall zusammen gehalten werden, da die Gefahr besteht, dass kleinere Tiere bei der Fütterung von großen Exemplaren verdrängt werden. Zudem kann nicht ausgeschlossen werden, dass es besonders bei der Fütterung zu Beißereien kommt. Im Eifer des Gefechts schnappen Molche oft nach allem was sich bewegt und können so kleineren Individuen große Wunden an den Extremitäten und am Schwanz beibringen.

Wir raten auch generell von einer Vergesellschaftung mit anderen Tieren, etwa Fischen, Zwergkrallenfröschen und Garnelen, ab. Die Gefahr ist groß, dass die Mitbewohner – oder Teile davon – im *Cynops*-Magen enden. Umgekehrt stehen Molche auf dem Speiseplan von vielen Wasserschildkröten.

Der Umgang mit den Tieren

Um Stress zu vermeiden, sollten die Tiere so wenig wie möglich aus ihren Behältern genommen werden. Da Feuerbauchmolche – wie alle Amphibien - bei Bedrohung oder Stresseinwirkung ein Hautgift absondern, sollte

Abb. 19. Bei Bedrohung sind Feuerbauchmolche in der Lage, ein weißliches Giftsekret abzusondern. Austretendes Sekret ist bei diesem Jungtier von *Cynops ensicauda popei* oberhalb der Mittelleiste hinter den Vorderbeinen zu erkennen (s. Pfeil).

man sich nach dem Anfassen der Tiere immer gründlich die Hände waschen, damit eventuell anhaftendes Gift nicht in die Augen oder auf Schleimhäute übertragen wird. Personen, die Hautverletzungen aufweisen (auch kleine Risse oder Kratzer) oder eine sehr empfindliche Haut haben, sollten *Cynops*-Arten - wie alle Amphibien - vorsichtshalber nur mit Gummihandschuhen (Einwegprodukte) anfassen.

Abb. 20. Mit feuchtem Schaumstoff gefüllte Kunstoffdosen eignen sich gut zum Transport von Molchen.

Fang und provisorische Unterbringung

Zum Fang aus dem Aquarium eignen sich die handelsüblichen Aquarienkäscher mit einer Bügelbreite bis etwa 15 cm. Lange eingewöhnte Tiere, die ihre Scheu verloren haben, lassen sich meist leichter mit der Hand fangen. Zur vorübergehenden Unterbringung – etwa während der Aquarienreinigung – sollten nur Behälter mit sehr flachem Wasserstand von wenigen Zentimetern benutzt werden. Eine zeitweise Unterbringung in tiefem Wasser empfiehlt unserer Meinung nach nicht, da in Stresssituationen die Gefahr des Ertrinkens besteht. Auch bei einer nur kurzzeitigen Unterbringung müssen die Behälter immer sorgfältig abgedeckt werden. Achten Sie auch darauf, dass die Tiere beim Umsetzen keinen großen Temperaturunterschieden ausgesetzt werden.

Für einen längeren Transport sollten Feuerbauchmolche nicht in wassergefüllten Behältern untergebracht werden. Zusätzlich zum Stress wird den Tieren während einer unruhigen Fahrt das Luftholen im bewegten Wasser erschwert. Dagegen stellt auch ein mehrtägiger Transport unseres Erachtens kein Problem dar, wenn die Tiere mit feuchtem Moos oder Schaumstoffschnipseln ausgestatteten Kunststoffdosen mit Luftlöchern untergebracht werden. Das Füllmaterial sollte dabei den ganzen Behälter locker ausfüllen, damit es den Tieren Halt gibt. Die Transportbehälter dürfen nicht zu dicht besetzt werden. Als ungefähres Maß empfehlen wir in eine der üblichen "Grillendosen" von etwa 10 x 10 x 6 cm nicht mehr als fünf bis acht Jungtiere oder ein bis zwei erwachsene Molche zu geben. Während des Transportes muss man gewährleisten, dass die Temperaturen in einem für die Tiere angenehmen Bereich, also etwa zwischen 10 und 20°C liegen. Während heißer Sommertage oder während der Frostperiode sollte also keine Versendung von Feuerbauchmolchen erfolgen.

Abb. 21. Die kleinste Feuerbauchmolch-Art *Cynops orientalis* kann man bereits in Behältern mit 40 cm Seitenlänge pflegen.

Abb. 22. *Cynops ensicauda* ist die größte Feuerbauchmolch-Art. Für erwachsene Tiere sollte der Behälter eine Mindestlänge von 60-80 cm aufweisen.

Behälter für Feuerbauchmolche

Die meisten erwachsenen Feuerbauchmolche können ganzjährig in einem Aquarium ohne Landteil gehalten werden. Nur in wenigen Fällen zieht es einige Tiere von Zeit zu Zeit an Land. Im Gegensatz dazu müssen Jungtiere in einem Aqua-Terrarium gehalten werden.

Aquarien

Größe Wir empfehlen die in Standardmaßen erhältlichen geklebten Ganzglasaquarien, die in jedem Aquariengeschäft erhältlich sind. Tabelle 2 gibt einen Überblick über die Abmessungen, Volumina und möglichen Eignungen der Becken. Hinsichtlich der Beckeninhalte ist zu beachten, dass nach unseren Beobachtungen besonders bei kleineren Tieren (etwa *C. orientalis*) die Wasserstände nicht höher als 20-30 cm sein sollten, das Wasservolumen also entsprechend zu verringern ist.

Abmessungen (Länge x Breite x Höhe)	max. Volumen	Eignung (Beispiele)
30 x 20 x 20 cm	ca. 12 l	Aufzucht, Quarantäne
40 x 25 x 25 cm	ca. 25 l	Aufzucht, Quarantäne; *C. orientalis*
50 x 30 x 30 cm	ca. 45 l	*C. orientalis, C. pyrrhogaster*
60 x 30 x 30 cm	ca. 54 l	*C. orientalis, C. pyrrhogaster, C. ensicauda*
80 x 35 x 40 cm	ca. 112 l	*C. orientalis, C. pyrrhogaster, C. ensicauda*
100 x 40 x 50 cm	ca. 200 l	*C. orientalis, C. pyrrhogaster, C. ensicauda*
120 x 40 x 50 cm	ca. 240 l	*C. orientalis, C. pyrrhogaster, C. ensicauda*

Tab. 2. Übersicht über Standardgrößen käuflicher Ganzglasaquarien.

Wir pflegen unsere Tiere ausschließlich in Becken von 40 bis 80 cm Seitenlänge. Aquarien mit einer Seitenlänge von 30 cm setzen wir nur bei der gesonderten Unterbringung von Larven und Jungtieren oder bei einer Einzelunterbringung von kranken Tieren und zur Quarantäne ein.

Abdeckung Da Feuerbauchmolche, wie alle anderen Schwanzlurche, Ausbruchskünstler sind, die besonders die Ecken zum Entweichen nutzen, müssen die Behälter dicht abgedeckt sein. Dies gilt besonders für Aufzuchtbehälter, da sich gerade die frisch metamorphosierten Molche durch kleinste Spalten zwängen können. Lassen Sie sich nicht davon täuschen, dass ihre Molche tagsüber keinerlei Anstalten machen, den Behälter zu verlassen. Viele Tiere entfalten ihre richtige Aktivität erst nachts.

Wir decken unsere Aquarien alle mit passenden Glasscheiben ab. Probleme mit einer unzureichenden Belüftung der Behälter traten bei uns selbst in den Sommermonaten bei Raumtemperaturen von knapp unter 30°C nie auf. Terrarien sollten hingegen mit einem Deckel aus Gaze verschlossen werden. Diesen kann man sich aus Holzlatten und Fliegendraht relativ leicht selbst basteln. Alternativ zu Holzkonstruktionen können sich geübte Heimwerker auch solche aus Aluminiumprofilen bauen. Die Verarbeitung von Metall ist aber vergleichsweise aufwändiger.

Abb. 23. Aus Holzlatten und Fliegendraht lassen sich relativ einfach dicht schließende Deckel für Molchbehälter basteln.

Beim Vorhandensein von Kabeln und eventuell Zu- und Abläufen von Filtern muss in der Abdeckung eine Ecke ausgespart bleiben. Die verbleibenden Lücken zwischen Schläuchen und Deckel kann man mit einem Schaumstoffpfropf verschließen.

Ist ein Molch erst einmal entwischt, hat er in der trockenen Wohnung keine große Überlebenschance. Jungtiere vertrocknen meist schon nach wenigen Stunden, während große Exemplare auch schon mal eine Nacht überstehen können. Um ein entwichenes Tier wieder einzufangen, hat es sich bewährt, sofort einige feuchte Handtücher im betreffenden Zimmer an dunklen Stellen (etwa unter Schränken) und in Ecken auszulegen. Mit etwas Glück findet der entkommene Molch die feuchte "Rettungsinsel" und verbirgt sich in den Falten des Lappens.

Aquarientechnik

Die wichtigste technische Ausstattung eines Feuerbauchmolch-Aquariums ist die **Beleuchtung**. Dies allerdings weniger, weil die Tiere es gerne hell mögen (das Gegenteil ist eher der Fall), sondern vielmehr um einen guten Pflanzenwuchs zu gewährleisten. Es eignen sich die handelsüblichen Leuchtstoffröhren. In Aquariengeschäften findet man ein großes Angebot unterschiedlicher Typen und Fabrikate mit verschiedenen Farbtemperaturen und Intensitäten. Um ein kräftiges Wachstum der hier vorgestellten robusten Wasserpflanzen zu gewährleisten, reichen aber die einfachen Standardmodelle, die auch etwa in Baumärkten preiswert zu bekommen sind. Nach unseren Erfahrungen sollte ein 50 cm Becken (45 l) mit einer Leuchtstoffröhre von 15 Watt und 45 cm Länge ausgestattet sein. Dies entspricht etwa 0,3 Watt je Liter (W/l). Wer allerdings ein größeres, als Landschaftsbecken gestaltetes Aquarium mit lichthungrigen Pflanzenarten einrichten möchte, sollte mehr, beziehungsweise stärkere Lampen einsetzen, um maximal Werte von etwa 1 W/l zu erreichen. Ganz generell kann man aber sagen, dass sich die meisten Feuerbauchmolche in sehr hellen Becken tagsüber mehr verbergen als in dunkleren. Wer also einen vitalen Bestand von lichthungrigen Pflanzen pflegen möchte, wird seine Molche seltener zu Gesicht bekommen.

Die **Beleuchtungsdauer** sollte über eine Zeitschaltuhr geregelt werden, mit der man dann auch kürzere Wintertage einstellen kann.

Wie schon oben angedeutet, ist mit der Abhandlung der Beleuchtung das Kapitel Aquarientechnik für den Feuerbauchmolch-Pfleger eigentlich abgeschlossen. Eine Filterung des Beckens oder gar den Einsatz von Sprudelsteinen halten wir für nicht notwendig. Wer aber Freude an Technik hat, kann sein Becken mit einem der handelsüblichen Innen- oder Außenfilter (Topffilter) ausstatten. Achten Sie aber unbedingt darauf, die Wasserbewegung so gering wie möglich zu halten. Als Stillwasserarten gehen *Cynops* bewegtem Wasser aus dem Weg. Da dies in einem kleinen Becken aber kaum möglich ist, werden die Tiere durch den Filter nur unnötig gestresst. Bei der Verwendung eines Filters sollte man unbedingt darauf achten, dass das Einsaugrohr mit einem entsprechen handelsüblichen “Körbchen” versehen wird, damit keine Molche (besonders Larven) oder Futtertiere (besonders Wasserflöhe) angesaugt werden können.

Eine Heizung des *Cynops*-Aquariums ist in aller Regel ebenfalls nicht nötig. Die in einem normalen ungeheizten Zimmeraquarium herrschenden Temperaturen um 20°C sind ideal für die Haltung der Tiere. Lediglich wenn die etwas wärmebedürftigeren Schwertschwanzmolche (*Cynops ensicauda*) in den Wintermonaten in einem Raum untergebracht werden, in dem die Temperaturen dauerhaft deutlich unter 10°C fallen, kann ein handelsüblicher, regelbarer Heizstab eingesetzt werden, um Temperaturen um 10°C zu erreichen. Zur Kontrolle sollten alle Feuerbauchmolch-Aquarien mit einem han-

Abb. 24. Feuerbauchmolch-Aquarien sollten dicht bepflanzt sein. Dieses Becken ist mit Argentinischer Wasserpest und Javamoos ausgestattet.

delsüblichen Aquarien-Thermometer ausgestattet sein.

Standort Molch-Aquarien sollten grundsätzlich nicht an sonnigen Standorten, etwa auf der Fensterbank, aufgestellt werden. Einerseits behindern die entstehenden Lichtreflexe die Sicht in das Becken und andererseits wird durch die Sonneneinstrahlung ein starkes Algenwachstum gefördert. Zudem besteht besonders bei kleineren Becken im Sommer die Gefahr einer Überhitzung.

Einrichtung Man kann Feuerbauchmolche sicherlich in "sterilen" Aquarien ohne Bodengrund und Pflanzen halten und die Jungtiere auf feuchten Schaumstoffmatten unterbringen. Bei der Aufzucht der Tiere mag diese Haltungsmethode eine gewisse Berechtigung haben (z.B. die leichte Reinigung und gute Kontrollierbarkeit der Behälter), für die Haltung von erwachsenen Tieren im Aquarium eignet sie sich unsere Meinung jedoch nicht. Allerdings muss es für das Wohlbefinden der Molche auch kein aufwändiges Landschafts- oder Biotopaquarium sein. Wir pflegen Feuerbauchmolche seit vielen Jahren in einfach eingerichteten, übersichtlichen und leicht zu reinigenden Becken, die nur wenige Einrichtungsgegenstände, aber dafür eine zwar üppige, jedoch nicht "fest installierte" Bepflanzung aufweisen.

Neben einer Bepflanzung, auf die weiter unten ausführlicher eingegangen wird, gehören zur Beckeneinrichtung noch Bodengrund und Dekorationsmaterialien. Als Bodengrund hat sich bei uns seit vielen Jahren ein Gemisch von groben, handelsüblichen Aquariensand und Kies bewährt. Sollen Pflanzen im Boden wurzeln, muss dieser in einer mindestens 4-6 cm hohen Schicht eingebracht werden. Andernfalls reicht eine dünnere Auflage, die den Tieren lediglich die Bewegung auf dem Boden erleichtern soll. Als weitere Einrichtungsgegenstände empfehlen wir ein oder zwei größere Steine (die teils hohl liegen können) oder eine der handelsüblichen Aquarienwurzeln. Diese Einrichtungsgegenstände strukturieren das Becken optisch ein wenig und bieten den Tieren Sichtschutz und Versteckmöglichkeiten. Zusätzlich sollte noch eine kleine Schwimmkorkinsel eingebracht werden, da manche Exemplare das Wasser von Zeit zu Zeit gerne verlassen.

Abb. 25. In diesem einfach mit Wasserpest und einem Ziegelstein eingerichteten Aquarium wurde zur Eingewöhnung halbwüchsiger *Cynops pyrrhogaster* der Wasserstand etwas abgesenkt.

Aufzuchtbecken

Zur Aufzucht der überwiegend landlebenden *Cynops*-Jungtiere verwenden wir zumeist kleinere Becken mit 12 bis 25 l Inhalt (Länge 30-40 cm), in die wir jeweils einen alten, sehr sorgfältig gereinigten und lange gewässerten Backstein legen. Als Verstecke für die Molche kommen auf den Backstein einige Rindenstücke oder flache Blumentopfscherben, die mit einem frischen Moospolster abgedeckt werden.

Zur leichteren Reinigung sollte auf Bodengrund verzichtet werden. Das Becken wird anfangs etwa 5-10 mm hoch mit Wasser gefüllt. Bei Bedarf, wenn sich eine aquatische Lebensweise der Jungmolche abzeichnet, kann der Wasserstand dann schrittweise weiter erhöht werden. Im Wasser werden einige Ranken der Zimmerpflanze *Tradescantia* und eventuell auch etwas Javamoos verteilt. Die Pflanzen wurzeln sehr schnell und bilden bald ein dichtes Geflecht, das gelegentlich ausgedünnt werden sollte. Abgedeckt wird der Behälter mit einer Glasscheibe. Das Becken darf wegen der Gefahr von Stauwärme niemals an einem Platz aufgestellt werden, wo es der direkten Sonneneinstrahlung ausgesetzt ist.

Abb. 26. Ein Aufzuchtbehälter mit flachem Wasserstand, einem Ziegelstein und *Tradescantia*-Ranken. Die Jungmolche (hier *Cynops ensicauda*) fangen sich *Drosophila*-Maden aus dem Glas.

Abb. 27 (Insert). Anders als die erwachsenen Tiere sind junge Feuerbauchmolche meist landlebend (hier *Cynops pyrrhogaster*).

Abb. 28. Ein einfach eingerichtetes Aqua-Terrarium mit einem Landteil aus übereinander geschichteten Ziegelsteinen.

Aqua-Terrarien und Paludarien

Als Alternative zur rein aquatischen Haltung kann man Feuerbauchmolchen auch ein Aqua-Terrarium oder Paludarium einrichten. Dabei reicht die Palette der Möglichkeiten der Gestaltung und Größe des Landteiles von einer schwimmenden Korkinsel bis hin zu einem aufwändig gestalteten Paludarium mit Urwaldcharakter.

Eine einfache Lösung für Tiere, die sich nicht dauerhaft im Wasser aufhalten möchten, bietet ein Aqua-Terrarium mit einem Steinaufbau aus Ziegelsteinen als Landteil. Diese sollten gut gesäubert und gewässert werden, bevor sie in den Behälter eingebracht werden. Ein solcher Landteil hat den Vorteil, dass man seine Fläche und Höhe gut variieren und den jeweiligen Bedürfnissen anpassen kann. Auf die Ziegel, die etwas über die Wasseroberfläche ragen sollten, müssen noch einige flache, übereinander geschichtete Tonscherben (scharfe Kanten abfeilen!) oder Rindenstücke gelegt werden, die Tagesverstecke unterschiedlicher Feuchtigkeiten bieten. Bepflanzt werden können solche einfachen Landteile beispielsweise mit Javamoos und *Tradescantia*-Ranken. Es ist auch möglich, den Ziegelaufbau stufenförmig anzulegen und in die so entstehende Flachwasserzone eine Tonschale oder einen Blumentopf mit Sumpfpflanzen zu stellen.

Weitere Anregungen zu Bau, Gestaltung und Technik von Behältern mit großen Landteilen finden sich z.B. bei BLAUSCHEK (1988) und GONELLA (1995).

Besonders bei Becken mit großem Landteil müssen gegenüber einer reinen Wasserhaltung allerdings einige Punkte beachtet werden:

- Da die Wassertiefe für Feuerbauchmolche mindestens 10-15 cm betragen sollte und auch über dem Wasser noch Platz für eine ansprechende, höhere Bepflanzung sein sollte, müssen Aqua-Terrarien wesentlich höher gebaut sein als die handelsüblichen Aquarien in Standardgrößen. Auch ist auf ein genügendes Wasservolumen von mindestens etwa 40-50 l zu achten, da ja der Beckeninhalt durch eventuelle Aufbauten verringert wird.

- Da die terrestrische Lebensweise von Schwanzlurchen (im Gegensatz zum Wasserleben) in den allermeisten Fällen tagsüber sehr verborgen ist, wird man seine Tiere seltener zu Gesicht bekommen. Um dem Versteck-Bedürfnis der Tiere Rechnung zu tragen, müssen im Behälter Tagesverstecke in Form von hohl liegenden Steinplatten, Rindenstücken oder anderem Holz geschaffen werden. Dabei sollten insbesondere hinsichtlich der Feuchtigkeit mehrere Möglichkeiten angeboten werden, etwa von "nass" bis "fast trocken".

- Der Landteil von Aqua-Terrarien ist nur relativ aufwändig zu säubern. Da aber besonders große Tiere (etwa erwachsene Schwertschwanzmolche) auch größere Mengen von Kot produzieren, müssen besonders die Versteckplätze in kurzen Abständen gesäubert werden können.

- Terrestrische Pflanzen sind hinsichtlich des Lichtes wesentlich anspruchsvoller als viele Aquarienpflanzen. Wer also auch über dem Wasser ein gesundes Pflanzenwachstum haben möchte, kommt um eine aufwändigere Beleuchtung des Beckens nicht herum. Probleme treten auf, wenn durch die Beleuchtung ständig Temperaturen über rund 25°C erreicht werden und eine deutliche Temperaturabsenkung in den Wintermonaten (Zucht!) nicht mehr ohne weiteres möglich ist.

Terrarien

In manchen Fällen kann es durchaus sinnvoll sein, Feuerbauchmolchen außerhalb der Paarungszeit ein herkömmliches Terrarium einzurichten. Dies betrifft beispielsweise manche junge oder halberwachsene *C. ensicauda* oder auch *C. orientalis*. Der Nachteil einer Haltung im Terrarium ist allerdings, dass man die Tiere tagsüber kaum zu Gesicht bekommen wird.

Die Möglichkeiten der Einrichtung und Gestaltung solcher Becken vom Typ eines Waldterrariums sind sehr vielfältig. Wir verweisen deshalb auf die hierzu zahlreich erschienene Literatur (z.B. NIETZKE 1989, GROSSE 1994) und möchten nachfolgend nur eine einfach zu pflegende "Minimallösung" vorstellen. Wir benutzen geklebte Glasaquarien, die mit einem Gazedeckel abgedeckt werden (vgl. S. 22). Käufliche Terrarien mit Schiebescheiben an der Frontseite eignen sich nicht, da die Gefahr besteht,

Abb. 29. Ein einfaches *Cynops*-Terrarium mit einer Einrichtung aus geschichteten Steinen, Moos und einer Efeu-Ranke.

dass die Molche zwischen den nicht ganz dicht schließenden Schiebescheiben entweichen können. Auf den Boden des Behälters wird eine dünne, etwa einen Zentimeter hohe Aquarienkies- oder Blähton-Schicht gebracht, die feucht bis nass gehalten werden sollte. Darauf wird dann in mindestens zwei Schichten ein lückiger, aber stabiler (!) Aufbau aus flachen Stein- oder Rindenplatten gebracht. Die entstehenden Hohlräume bieten den Molchen unterschiedlich feuchte Versteckplätze. Abschließend sollten die Platten mit frischem Moos abgedeckt werden. Je nach Geschmack kann man den Behälter zusätzlich auch noch mit eingetopften Pflanzen (z.B. Efeu, Farne, *Tradescantia*) ausstatten.

Die Pflege solcher Becken beschränkt sich im Wesentlichen auf das regelmäßige Sprühen der Moosschicht, die Kontrolle der Feuchtigkeit im Bodenbereich sowie das Entfernen von toten Futtertieren und Kot. Im Abstand von etwa ein bis zwei Monaten muss eine Grundreinigung erfolgen, bei der die Einrichtung gründlich gesäubert wird und Moosplatten erneuert werden.

Der Standort von Feuerbauchmolch-Terrarien sollte grundsätzlich schattig sein. Eine Beleuchtung (Leuchtstoffröhren) ist nur für den Pflanzenwuchs wichtig. Eine Beheizung darf nicht erfolgen. Einfach eingerichtete Terrarien eignen sich auch gut zur Überwinterung. Sie werden dann in einen ungeheizten, frostfreien Raum gestellt. Auf eine Beleuchtung sollte zu dieser Zeit ganz verzichtet werden (Wärmeentwicklung!).

Pflanzen für Feuerbauchmolch-Behälter

Abgesehen von rein ästhetischen Aspekten kommen der Aquarien-Bepflanzung ganz generell mehrere zentrale Bedeutungen zu. Zum einen hilft ein üppiger Pflanzenwuchs beim Abbau von Schadstoffen, die etwa bei der Zersetzung von Tierkot und von übrig gebliebenen Futtertieren entstehen (Stickstoff- und Phosphorsalze, Schwefelwasserstoff und Kohlendioxid). Zum anderen sind die Aquarienpflanzen wichtige Produzenten von Sauerstoff (Larvenaufzucht).

Daneben ist unserer Meinung nach eine dichte Bepflanzung auch für das Wohlbefinden von Feuerbauchmolchen sehr wichtig. Pflanzendickichte dienen den Tieren als Versteckplätze, zum Ausruhen knapp unter der Wasseroberfläche (siehe “Verhalten”) und natürlich als Eiablagesubstrat.

Die Bepflanzung von *Cynops*-Becken ist einfach und man braucht für eine erfolgreiche Haltung der Tiere eigentlich nur zwei Pflanzenarten: Für das Aquarium Wasserpest (alternativ Hornblatt) und für die Aufzucht der Jungtiere *Tradescantia* (vgl. Abschnitt “Aufzucht”).

Abb. 30. Argentinische oder Dichtblättriger Wasserpest (*Egeria densa*).

Abb. 31. Hornblatt (*Ceratophyllum demersum*).

Pflanzen für das Aquarium. "Wasserpest" ist in jedem Zoofachgeschäft zu erhalten. Allerdings verbergen sich unter dem Namen in Wirklichkeit verschiedene Arten und Gattungen mit ähnlichem Äußeren, die aber jeweils unterschiedliche Temperaturansprüche aufweisen (siehe Tab. 3). Seit langen Jahren haben wir beste Erfahrungen mit der Argentinischen oder Dichtblättrigen Wasserpest (*Egeria densa*) gemacht. Eine Ergänzung zur Wasserpest ist das Gemeine Hornblatt (*Ceratophyllum demersum*), das als reine Schwimmpflanze an der Wasseroberfläche dichte Teppiche bildet. Wasserpest kann dagegen auch im Boden verwurzelt kultiviert werden. Beide Arten sind sehr robust, schnellwüchsig und tolerieren Temperaturabsenkungen in den Wintermonaten gut. Ein weiterer Vorteil ist die leichte Bergung von einzeln abgesetzten Eiern aus den Pflanzen, die ein Herausschneiden der eitragenden Abschnitte gut vertragen.

Eine weitere, von uns immer wieder in *Cynops*-Becken verwendete und widerstandsfähige Pflanze ist das Javamoos (*Vesicularia dubyana*). Javamoos wird auf Einrichtungsgegenstände wie Wurzeln und Steine aufgebunden und bildet dort nach einigen Wochen fest verwurzelte, dekorative Polster. Da die Pflanze auch außerhalb des Wassers gut wächst, eignet sie sich auch zur Bepflanzung von andauernd feuchten oder nassen Bereichen in Aufzuchtterrarien. Ein Nachteil ist ihre im

Name	Temperatur-Optimum	Überwinterung bei ca. 10°C
Kanadische Wasserpest (*Elodea canadensis*)	15-20°C	ja
Nuttalls Wasserpest (*Elodea nuttallii*)	15-20°C	ja
Krause Wasserpest (*Lagarosiphon major*)	20-23°C	ja
Argentinische Wasserpest (*Egeria densa*)	20-24°C	ja
Nixkrautähnliche Wasserpest (*Egeria najas*)	15-26°C	nein
Grundnessel (*Hydrilla verticillata*)	20-27°C	ja

Tab. 3. Übersicht über im Handel erhältliche "Wasserpest"-Arten (nach KASSELMANN 1995).

Vergleich zu Wasserpest und Hornblatt etwas größere Empfindlichkeit gegenüber niedrigen Temperaturen. Zwar wird eine Absenkung bis etwa 10°C von der Pflanze recht gut vertragen, man sollte sie aber nicht länger als wenige Wochen solchen niedrigen Temperaturen aussetzen.

Grundsätzlich eignen sich beinahe alle im Fachhandel angebotenen "Kaltwasser"-Pflanzen für ein *Cynops*-Aquarium, solange sie dauerhaft bei Temperaturen um 20°C wachsen. Trotz der Robustheit und teils beträchtlichen Größe von *C. ensicauda* und *C. pyrrhogaster* muss man wenig Angst um feingliedrige, empfindliche Pflanzen haben, da die Molche nicht im Bodengrund wühlen oder graben. Wir empfehlen allerdings, bei der Einrichtung eines Beckens die Bepflanzung schon einige Wochen vor dem Tierbesatz vorzunehmen, damit die noch nicht verwurzelten Pflanzen nicht wieder durch die Bewegungen der Molche aus dem Bodengrund gerissen werden.

Neben der oben vorgestellten Minimalbepflanzung, die sich hauptsächlich an der Robustheit und Eignung der Pflanzen orientiert, ist natürlich auch eine Gestaltung der Aquarien mit verschiedenen Pflanzen aus den Lebensräumen der Feuerbauchmolche möglich. Es würde hier den Rahmen sprengen, alle Möglichkeiten und Ansprüche einer biotopgerechten Bepflanzung im Detail zu schildern. Wir verweisen stattdessen auf die in den meisten Zoohandlungen angebotene umfangreiche Literatur zur Bepflanzung von Aquarien und den Ansprüchen von Aquarienpflanzen. Als Anregung möchten wir nachfolgend aber eine Liste von gut eingeführten Aquarienpflanzen präsentieren, die auch in der ostasiatischen Heimat der Tiere zu finden sind und mehr oder weniger regelmäßig im Aquarienhandel angeboten werden (vgl. auch SASAKAWA 1992, KASSELMANN 1995):

Nadelsimse (*Eleocharis acicularis*), Gemeines Hornblatt (*Ceratophyllum demersum*), Froschlöffelähnliche Ottelie (*Ottelia alismoides*), Japanische Teichmummel (*Nuphar japonica*), Japanisches Schaumkraut (*Cardamine lyrata*), Wasserprimel oder Wasserfeder (*Hottonia palustris*), Glatt- oder Igel-

samiges Fadenkraut (*Blyxa aubertii*), Blütenstielloser Sumpffreund (*Limnophila sessiliflora*), Schwimmende Wassernuß (*Trapa natans*), Ovalblättriges Heusenkraut (*Ludwigia ovalis*). SASAKAWA (1992) nennt darüber hinaus noch folgende Wasserpflanzen-Arten, die in Japan in stehenden Gewässern wie Reisfeldern und Lotos-Teichen vorkommen: Dreimänniger Tännel (*Elatine triandra*), Ähriges Tausendblatt (*Myriophyllum spicatum*), das Pfeilkraut *Sagittaria pygmaea*, der Froschlöffel *Alisma canaliculatum*, das Brachsenkraut *Isoetes japonica,* die Fadenkräuter *Blyxa japonica* und *B. ceratosperma* sowie die Japanische Wassernuß (*Trapa japonica*).

Abb. 32. In größeren Paludarien können die Uferbereiche ähnlich natürlichen Vorbildern gestaltet werden.

Pflanzen für Aufzuchtbehälter und Terrarien. Besonders für die Bepflanzung von Aufzuchtbehältern für Jungmolche benötigt man widerstandsfähige, nässeunempfindliche Pflanzen, die auch unter ungünstigen Lichtverhältnissen wachsen. Für diesen Zweck hat sich schon seit Jahrzehnten in der Molchhaltung die äußerst anspruchslose, so genannte Dreimastblume (*Tradescantia*) bewährt. In größeren Zierpflanzengeschäften und Blumenmärkten findet man meist eine kleine Auswahl von verschiedenen Arten und Sorten von *Tradescantia*. Wir ziehen solche mit einfarbigen grünen Blättern den panachierten, farbigen Sorten vor, da sie sich als robuster erwiesen haben. Kaufen Sie keinesfalls dickblättrige Arten oder solche mit silbrig behaarten Blättern. Hierbei handelt es sich um ebenfalls von Zeit zu Zeit angebotene sukkulente Arten aus Trockengebieten, die für ein Molchbecken völlig ungeeignet sind.

In flaches Wasser gelegt, bilden *Tradescantia*-Triebe bald Wurzeln aus und wachsen recht schnell. Für eine umfangreiche *Cynops*-Zucht empfiehlt es sich immer einen kleinen Vorrat von ein oder zwei *Tradescantia*-Töpfen im Haus zu haben, aus dem bei Bedarf die Bepflanzung für ein Aufzuchtbecken herausgeschnitten werden kann.

Zur Kultur in Blumentöpfen oder Tonschalen, die man in den Flachwasserbereich eines Aqua-Terrariums stellt, ist auch der Polster und Matten bildende, in jedem Pflanzengeschäft erhältliche Bubikopf (*Soleirolia soleirolii*) geeignet.

Pflege des Aquariums

Ein Aquarium mit Feuerbauchmolchen benötigt nur relativ wenig Pflege. Im Wesentlichen fallen hier nur regelmäßige Wasserwechsel, Reinigung der Scheiben sowie ein gelegentliches Auslichten der Pflanzen an.

Generell kann man vereinfacht sagen, dass ein Aquarium umso stabiler - also pflegeleichter - ist, desto mehr Volumen es aufweist, desto dichter die Bepflanzung ist und desto weniger Tiere darin untergebracht sind. Mit anderen Worten, ein kleines Becken mit wenigen Pflanzen und vielen Tieren ist wesentlich pflegeaufwändiger als ein großes, stark bewachsenes Becken mit wenigen Tieren. Natürlich spielen auch noch andere Parameter eine Rolle, etwa die Temperatur, Menge und Art der Fütterung, Lichtintensität und natürlich die chemischen Ausgangswerte des Wassers. Alles in allem lässt sich also keine allgemeingültige Formel entwickeln, die bei gegebenem Tierbesatz zum Beispiel die empfohlene Häufigkeit eines Wasserwechsels angeben würde. Wir können hier im Folgenden also nur unsere eigenen Erfahrungswerte weitergeben.

Wasserwechsel und sonstige Pflege

Bei einer Besatzdichte von einem Tier je fünf bis 10 Liter Wasser in einem gut mit Pflanzen ausgestatteten Aquarium führen wir in den Sommermonaten etwa alle zwei Wochen einen Teilwasserwechsel durch, bei dem ungefähr

Abb. 33. Beinahe unverzichtbar zur Bepflanzung von Aufzuchtbecken ist die Dreimastblume *Tradescantia* (hier zwei Zuchtformen).

die Hälfte bis zwei Drittel des Wassers ausgetauscht werden. Dabei wird das Wasser mit einem Schlauch aus den bodennahen Schichten des Beckens gesaugt, um dort angesammelten Mulm mit zu entfernen. Vorher sollten die Scheiben gereinigt und, wenn nötig, Pflanzen ausgelichtet werden, damit abgeschabter Algenbewuchs und kleine Pflanzenteile mit dem Wasser abgesaugt werden können. In den Wintermonaten führen wir bei Temperaturen von 10-15°C einen solchen Teilwasserwechsel nur etwa alle vier bis sechs Wochen durch.

Eingewöhnungsbecken mit niedrigem Wasserstand und ohne "eingefahrenen" Pflanzenbestand müssen wesentlich öfter gereinigt werden. Hier empfehlen sich zwei bis drei Wasserwechsel pro Woche, je nach Besatzdichte und Futterangebot.

Eine "Grundreinigung" des Behälters, bei der alle Einrichtungsgegenstände entfernt und gründlich gesäubert werden, ist nur sehr selten nötig oder sinnvoll.

Diese empfiehlt sich besonders, wenn ein altes Becken einmal anders eingerichtet werden soll oder wenn im Aquarium eine Krankheit herrschte. Im letzteren Fall sollten allerdings das Becken und die gesamte Einrichtung gründlich desinfiziert (z.B. durch Auskochen) und alle Pflanzen vernichtet werden.

Ernährung

Feuerbauchmolche fressen in aller Regel bevorzugt lebende Futtertiere. Heutzutage bereitet die Beschaffung von Lebendfutter in den meisten Fällen keine Probleme. Der Zierfischfachhandel hält ein ausreichendes Angebot verschiedener Futtertiere wie Mückenlarven, *Tubifex*, Bachflohkrebse oder Wasserflöhe bereit. Allerdings kann es bei der Lieferung zeitweise zu Engpässen kommen und bestimmte Futtertiere stehen dann unter Umständen zeitweise nicht zu Verfügung.

Wir können hier nicht im Detail auf alle möglichen Fütterungsarten eingehen und beschränken uns daher weiter unten auf Informationen zu solchen Futtertieren, die bei uns mit Erfolg eingesetzt wurden und die einfach über den Fachhandel zu beschaffen sind. Inzwischen steht ein relativ reichhaltiges Büchersortiment zur Verfügung, das umfassend über weitere Futtertiere und deren Beschaffung und Zucht informiert. An dieser Stelle sei zum Beispiel auf Jahn (1972), Zimmermann (1982) und Friederich & Volland (1998) sowie entsprechende Kapitel in den zahlreichen im Fachhandel erhältlichen Aquarien- und Terrarienbüchern verwiesen. Bezugsquellen für Zuchtansätze und Adressen spezialisierter Futtertierhändler findet man in den Anzeigenteilen der verschiedenen Aquarien- und Terrarienzeitschriften.

Viele Feuerbauchmolche können auch an die Aufnahme von "totem" Futter gewöhnt werden. Möglich ist etwa eine

Abb. 34. Ein junger *Cynops cyanurus* fixiert ein *Tubifex*-Knäuel vor dem Zubeißen.

Fütterung mit Rinderherz, das längs der Faserrichtung des Fleisches in wenige Millimeter breite und 1-1,5 cm lange Stücke geschnitten wird oder mit tiefgefrorenen Mückenlarven. Um das Aquarienwasser durch verdorbenes Fleisch nicht zu belasten, sollten die Tiere möglichst einzeln mit einer langen Pinzette gefüttert werden. Nicht gefressenes Fleisch muss sofort aus dem Wasser entfernt werden. Wir empfehlen eine solche Fütterung allerdings nur in Notfällen und raten, so oft wie möglich auf verschiedene Lebendfuttersorten zurückzugreifen, da diese unzweifelhaft die optimale Versorgung der Tiere mit den benötigten Nährstoffen gewährleisten.

Eine Alternative zur Zucht und Bevorratung von kleinen, landlebenden Futtertieren (Springschwänze, Asseln, Enchyträen, Regenwürmer), wie sie etwa zur Aufzucht von *Cynops*-Jungtieren benötigt werden, ist die so genannte "Futterkiste", "Kellerkiste" oder der "Komposthaufen fürs Wohnzimmer". Die Idee ist dabei, eine Art Komposthaufen für die Wohnung zu schaffen, in dem sich die genannten Kleinorganismen ohne großes Zutun selbstständig vermehren. Eine solche Kiste wurde von Grosse (1994, 2004) sowie Schmidt (2004) im Detail vorgestellt. Im Prinzip handelt es sich dabei um eine unten mit Abzugslöchern (wichtig!) versehene, wasserfeste Kistenkonstruktion, die mit einer dünnen Drainage aus Kies, einer dicken Schicht Sand-Lauberde-Gemisch, einer Mulmschicht aus verrottenden Baumstümpfen sowie abdeckend Rindenplatten gefüllt wird. Abzugslöcher im Boden sind vor allem zur Verhinderung von Staunässebildung und zum Abzug von giftigem Kohlendioxyd-Gas erforderlich. Man kann sich die Kiste aus Holz bauen und zum Nässeschutz innen mit Weißblech verkleiden oder auch eine der handelsüblichen Kunststoffboxen mit Deckel benutzen. In jedem Fall müssen aber alle Belüftungs- und Drainagelöcher sorgfältig mit Drahtgaze verschlossen werden.

Als Standort sollte ein kühler und frostfreier Raum gewählt werden, etwa ein ungeheizter Keller. Die Temperaturen sollten nach Möglichkeit nicht über 18°C steigen. Schon mit dem Einbringen der Füllsubstrate wie Lauberde und Holzmulm wird man die Kiste mit Kleinorganismen beimpfen. Zusätzlich können aber noch Springschwänze, Enchyträen und Regenwürmer eingesetzt werden. Das Füllsubstrat sollte immer feucht (nicht nass) gehalten werden. Zugefüttert wird sehr sparsam mit giftfreien (!) pflanzlichen Abfällen wie Gemüse- und Obstresten oder Haferflocken. Die Futtertiere erhält man durch das Sieben des Füllsubstrates mit einem Metall-Küchensieb.

Die Bäuche von Nachzuchttieren sind oft nicht mehr so intensiv rot gefärbt wie die der Eltern. Dies geht in den meisten Fällen auf einen Carotinoid-Mangel zurück. Man kann diesem (rein ästhetischen) Mangel vorbeugen, indem man viel carotinhaltiges Futter anbietet, zum Beispiel Crustaceen wie Wasserflöhe und Bachflohkrebse. Mit einer Gabe von carotinhaltigen Präparaten (wie sie z.B. bei ähnlichen Problemen in der Vogelzucht verwendet werden) haben wir keine Erfahrungen. Wir raten hier zur äußersten Vorsicht, da zum einen die Zusammensetzung solcher Präparate auf den Vogelorganismus abgestimmt ist und eventuelle Beimischungen für Amphibien schädlich sein können. Zum anderen besteht die Möglichkeit, dass die Carotine vom Körper in Vitamin A umgebaut werden, das bei einer Überdosierung zu Vergiftungen führen kann (vgl. STEINICKE 1976).

Wie oft sollte gefüttert werden?

Molche fressen in den meisten Fällen so oft wie möglich und so viel wie reinpasst. In der Natur macht dieses Verhalten einen Sinn, denn die Nahrungssuche kostet viel Energie und ist nicht immer erfolgreich. Im Aquarium muss man aber die Futtermenge rationieren, damit man nicht bald verfettete und bewegungsunfähige Tiere im Behälter hat. Die für ein Tier individuell notwendige Nahrungsmenge kann man pauschal kaum angeben. Der Nahrungsbedarf richtet sich neben der Größe des Tieres auch nach der Futterart (Wasserflöhe sind z. B. weniger "ergiebig" als Regenwürmer) und der Umgebungstemperatur. So braucht man in den kühlen Wintermonaten bei Temperaturen um 10°C nur wenig zu füttern, während der Futterbedarf in der Fortpflanzungsperiode im Frühjahr sehr groß ist. Im Normalfall sollte ein bis zweimal in der Woche reichlich gefüttert werden. Bei der Gabe von Lebendfutter verbleiben dann oft noch Reste im Becken, die in den Folgetagen aufgenommen werden. Abgestorbene Futtertiere müssen dagegen schnell entfert werden.

Da Schwanzlurche wahre Hungerkünstler sind, ist es bei gut genährten Tieren kein Problem für ein oder zwei Wochen (etwa während einer Urlaubsreise) auf eine Fütterung zu verzichten. Dies sollte aber auf keinen Fall während Paarungszeit oder unmittelbar nach der Winterruhe erfolgen, da die Tiere dann einen besonders hohen Energiebedarf haben. Um ein Gefühl für die richtige Futtermenge zu entwikkeln, sollte man seine Pfleglinge aber ständig beobachten, um auf drohende Verfettung oder einer Abmagerung zu reagieren.

Futtertiere im Überblick

Schlammröhrenwürmer (*Tubifex*): Sehr gutes Futter für erwachsene Tiere und größere Larven. Ein Kauf im Einzelhandel ist saisonabhängig möglich, zeitweise treten jedoch Engpässe bei der Lieferung auf. *Tubifex* kann wochenlang in flachen Schalen unter tropfendem Wasser bevorratet werden. In geschlossenen Behältern ohne Frischwasserzufuhr sterben die Würmer aber sehr schnell. Um tote Würmer zu entfernen, sollte frisch gekauftes *Tubifex* vor der Verfütterung unter fließendem Wasser gespült werden. In der Literatur wird immer wieder vor einer Fütterung mit *Tubifex* aufgrund ihres möglicherweise hohen Schadstoffgehaltes gewarnt. Diese Sorge mag berechtigt sein, da *Tubifex* besonders in organisch verunreinigten Gewässern zahlreich vorkommt und anzunehmen ist, dass die im Einzelhandel angebotenen - meist aus Osteuropa stammenden - Würmer auch anorganische Schadstoffe in ihrem Körper einlagern. Aus unserer eigenen Haltung, bei der über lange Zeitspannen *Tubifex* oft als Futter eingesetzt wurde, kennen wir allerdings keine Fälle, in denen akute Vergiftungen oder Ausfälle mit der Fütterung von Schlammröhrenwürmern in Verbindung zu bringen waren.

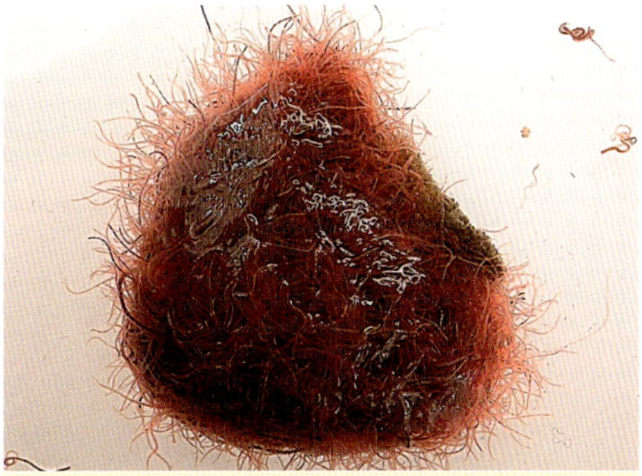

Abb. 35. Ein Knäuel aus *Tubifex*-Würmern.

Regenwürmer („Laubwürmer", „Rotwürmer", meist *Lumbricus*): Geeignet für erwachsene Tiere. Bezug über den spezialisierten Futtertierhandel oder im Anglerbedarf als Lebendköder. Eine Aufbewahrung in der Verkaufsverpackung im Kühlschrank für ein bis zwei Wochen ist möglich. Aquarium am Tag nach der Fütterung auf nicht gefressene oder eventuell wieder ausgewürgte Würmer untersuchen und diese sofort entfernen. Die häufig angebotenen "Mistwürmer" (*Dendrobaena*, *Eisenia*) werden oft nicht genommen, beziehungsweise nach dem Fressen schnell wieder ausgewürgt.

Enchyträen (meist *Enchytraeus*): Vor allem als Aufzuchtfutter für Jungtiere geeignet. Die dünnen, weißlichen Würmer können in kühl gestellten (maximal 15°C) erdegefüllten Kisten gezüchtet werden (vgl. oben). Der Bezug von Zuchtansätzen mit Zuchtanleitung ist über den spezialisierten Futtertier-Versandhandel möglich.

Salinenkrebse (*Artemia*): Für frisch geschlüpfte und kleinere Molchlarven geeignet. Die Aufzucht aus im Zierfischhandel erhältlichen Dauereiern oder so genannten "Zysten" ist unproblematisch. Eine Fütterung mit *Artemia* empfiehlt sich insbesondere dann, wenn für kleine Larven sonst kein anderes Futter erhältlich ist. Ihr Nachteil besteht darin, dass es sich um salzwasserbewohnende Tiere handelt, die im Süßwasser nach wenigen Stunden sterben. Damit abgestorbene Artemien nicht das Wasser verunreinigen, sollten sie nur in geringen Mengen verfüttert werden. Außerdem sollten täglich oder im Abstand von zwei Tagen Wasserwechsel erfolgen. Vor der Verfütterung sollten Artemien kurz in Süßwasser abgespült werden.

Wasserflöhe (meist *Daphnia*): Sehr gutes Futter für Molche aller Größen, das besonders bei der Aufzucht von Larven nützlich ist. Rote Daphnien sind carotinhaltig und können einem Verblassen der Bauchseitenfärbung bei Nachtzuchttieren entgegenwirken. Wasserflöhe können gut mit einem handelsüblichen Futtersieb nach Größen sortiert werden. Während des Sommerhalbjahres ist meist ein Kauf von abgepackten Portionen im Einzelhandel möglich. Möglich ist auch die Zucht im Garten, zum Beispiel in großen, halbschattig aufgestellten Wannen oder Regenwassertonnen (nach JAHN 1972, ZIMMERMANN 1982): Wasser mit Hühner- oder Entenmist (etwa eine Hand voll auf 500 l) zwei Wochen stehen lassen. Danach Wasserflöhe einbringen und gelegentlich (sparsam) mit Rinderblut, Fischmehl oder aufgeschwemmter Hefe füttern. Im Winter sollte das Wasser abgelassen werden. Dabei darf auf gar keinen Fall die oberste Schicht des Bodensatzes entfernt werden. Hierin befinden sich die Dauereier der Wasserflöhe, die beim Fluten des Behälters im nächsten Frühjahr schnell wieder schlüpfen. Vorsicht bei der Verwendung von Hüpferlingen (*Cyclops*). Hierunter gibt es auch räuberische Arten, die kleinen Molchlarven sehr gefährlich werden können.

Bachflohkrebse (*Gammarus*): Geeignet vor allem für erwachsene Tiere. Zuweilen ist der Kauf von abgepackten Portionen im Einzelhandel möglich. Lebt oft in dichten Beständen in kleinen Bächen zwischen Pflanzen. Fang durch Ausschütteln der Vegetation und unterhalb in die Strömung gehaltenes Netz oder Küchensieb.

Abb. 36. Bachflohkrebse (*Gammarus*).

Abb. 37. Zur Zucht von Wasserflöhen können handelsübliche Regenwassertonnen verwendet werden.

Springschwänze (Collembola): Geeignet als Aufzuchtfutter für kleinste Jungtiere. Bezug von Zuchtansätzen mit Anleitung für die jeweilige Art über den Futtertierversandhandel. Zucht in erdegefüllten Behältern (vgl. S. 35).

Rote Mückenlarven, Zuckmückenlarven (*Chironomus*): Geeignet für größere Larven und erwachsene Tiere. Kauf im Einzelhandel saisonabhängig (besonders Winter) in abgepackten Portionen möglich. Eine Lagerung der verschlossenen Tüten ist für einige Tage im Kühlschrank möglich. Nicht gefressene Larven die sich zu Mücken entwickeln stechen nicht.

Tau-, Frucht- oder Essigfliegen (*Drosophila*): Sehr gut geeignet für die Aufzucht von Jungtieren. Zuchtansätze können über den spezialisierten Futtertierhandel oder über Terrarienfachgeschäfte bezogen werden. Bei der Verfütterung an Schwanzlurche empfiehlt es sich, nur die stummelflügigen, flugunfähigen Zuchtformen zu verwenden. Diese sind auch entschieden besser zu handhaben. Gefressen werden Maden und Fliegen. Die Zucht erfolgt in Gläsern, in die ein gekochter Futterbrei aus Obst (besonders Banane) gegeben wird. Zusätzlich muss dem Brei nach dem Abkühlen etwas Trockenhefe beigegeben werden. Um den Fliegen Sitzwarten zu geben, wird in jedes Glas noch etwas Holzwolle gelegt. Die Gläser werden dann mit zwei bis drei Dutzend Fliegen besetzt und mit einem Stoffstück verschlossen. Bei Temperaturen zwischen 20 und 25°C sind nach ein bis drei Wochen die ersten Fliegenmaden an den Wänden der Gläser zu beobachten.

Abb. 38. Rote Mückenlarven (*Chironomus*).

Abb. 39. Gläser zur Zucht von Taufliegen (*Drosophila*).

Heimchen (*Acheta domestica*): Geeignet für die Aufzucht von juvenilen und

Abb. 40. Kleine Heimchen sind ein gutes Futter für landlebende Jungmolche.

halbwüchsigen sowie terrestrisch lebenden erwachsenen Tieren. Bezug nach Größen sortiert über den spezialisierten Futtertierhandel oder Terrarienfachgeschäfte. Die Größenklassen "Micro" und "Klein" sind für frisch metamorphosierte bis halbwüchsige Feuerbauchmolche geeignet. Trotz einer eventuellen Vitaminisierung der Heimchen durch den Züchter empfiehlt es sich, die Tiere mit einer dünnen Scheibe Möhre zu füttern. Dabei sollte spärlich gefüttert werden, da die Heimchen die Ansammlung von Kondenswasser im Behälter nicht vertragen. Die Aufbewahrung / Bevorratung kann in der Versandverpackung oder einem kleinen Terrarium an einem warmen Ort erfolgen. Keine Grillen (*Gryllus* sp.) verwenden, da diese die Molche unter Umständen anfressen.

Lebenserwartung

Viele Schwanzlurche sind dafür bekannt, dass sie sehr alt werden können. Unsere *Cynops*-Arten fallen da nicht sonderlich aus dem Rahmen. In der Literatur wurde schon verschiedentlich über Tiere berichtet, die 20 bis 25 Jahre in Gefangenschaft lebten und sich in diesem Alter teils auch noch fortpflanzten.

So beteiligten sich zwei Männchen, die W. Wolterstorff aus Eiern zog, noch im Alter von 20 Jahren erfolgreich an der Paarung (Wolterstorff 1928). Fast 25 Jahre lebte die Art auch bei Hensley (1958). Koch (1952) berichtet über – ebenfalls aus Eiern gezogene - vitale 19-jährige *C. pyrrhogaster*-Exemplare, die durch einen Haltungsfehler zu Tode kamen. Selbst aus dem Freiland ist schon ein Männchen bekannt geworden, dessen Alter auf 23 Jahre geschätzt wurde (Marunouchi et al. 2000). Wir besitzen ebenfalls ein *C. pyrrhogaster*-Pärchen, von dem das Weibchen in der Mitte der 1980er Jahre und das Männchen 1990 – beide als schon erwachsene Tiere – zu uns kamen und somit derzeit mindestens 20, beziehungsweise 15 Jahre alt sind. Für *C. ensicauda popei* berichtet Mertens (1955) über ein Pärchen, das nach seinen Schätzungen ebenfalls mindestens 20 Jahre in Gefangenschaft lebte und in diesem Alter noch Nachwuchs produzierte. Unsere ältesten *C. e. popei* befinden sich ebenfalls in dieser Alterklasse.

Abb. 41. Ein etwa 20 Jahre altes *Cynops pyrrhogaster sasayamae*-Weibchen.

Zucht

Überwinterung

Zur Zucht von Feuerbauchmolchen ist in den meisten Fällen eine Winterruhe notwendig. Dabei sollten die Temperaturen im Aquarium mindestens über ein bis zwei Monate deutlich abgesenkt werden und sich nur noch im Bereich von 5-15°C bewegen. Eine Winterruhe lässt sich natürlich am einfachsten vollziehen, indem man das Aquarium von vorneherein in einem ungeheizten Raum unterbringt. Hat man so einen Raum nicht zur Verfügung, kann auch auf einen ungeheizten Kellerraum zurückgegriffen und die Tiere in den Wintermonaten dorthin auslagert werden. Sie können dort etwa in der Nähe eines leicht geöffneten Kellerfensters (auf Frostfreiheit achten!) in einem einfachen Kunststoffbecken mit stark abgesenktem Wasserspiegel (Wasserstand etwa 5 cm) und einigen Matten Javamoos untergebracht werden.

Da sich der Stoffwechsel der Molche bei niedrigen Temperaturen deutlich reduziert, muss während der Winterruhe - je nach Temperatur - nur sehr wenig gefüttert werden. Am besten behält man seine Tiere auch zu dieser Zeit ständig im Auge und füttert gegebenenfalls, sobald man eine Abmagerung bemerkt. Natürlich muss man auch bei einer provisorischen Unterbringung peinlich genau auf Sauberkeit achten und regelmäßige Wasserwechsel durchführen. Parallel zum Absenken der Temperatur sollte auch die Beleuchtung des Aquariums auf winterliche Kurztage von etwa sechs bis acht Stunden heruntergefahren werden. Bis heute ist es nämlich in vielen Fällen noch unklar, ob die Paarungsaktivitäten vieler Schwanzlurche im Frühjahr durch Temperaturerhöhungen oder eine längere Tagesdauer oder etwa eine Kombination aus beidem ausgelöst werden.

Eiablage und Eientwicklung

Wenn Männchen und Weibchen in Brunftstimmung sind, wird man bald nach der Überwinterung, manchmal auch schon im Herbst oder Spätwinter, die Paarungsspiele der Tiere beobachten können (vgl. Abschnitt "Verhalten"). Wenige Tage bis einige Wochen nach einer erfolgreichen Paarung beginnt dann das Weibchen seine Eier einzeln an Wasserpflanzen zu heften. Im Laufe von mehreren Wochen können - je nach

Abb. 42. Ein frisch abgelegtes Ei von *Cynops orientalis*.

Abb. 43. Zwei Eier von *Cynops ensicauda popei*. Während das rechte Ei gerade abgesetzt wurde, sind links schon Kopf, Schwanz und Ansätze der Extremitäten erkennbar.

Art, Größe und Ernährungszustand – mehrere Dutzend bis sogar mehrere Hundert Eier abgelegt werden. In den meisten Fällen ist die Feststellung der genauen Eizahlen unmöglich, da im dichten Pflanzenwuchs nicht alle Eier gefunden werden können und oft mehrere Weibchen an den Ablagen beteiligt sind. Durch die transparente Gallerte kann man die Embryonalentwicklung verfolgen und etwa eine Woche vor dem Schlupf sind die praktisch fertig ausgebildeten Larven zu erkennen. Die gesamte Dauer der Eientwicklung richtet sich nach der Wassertemperatur. Bei Zimmertemperaturen um 20°C muss man mit etwa drei bis vier Wochen rechnen. Bei niedrigeren Temperaturen, etwa im Bereich von 10-15°C, kann sich die Entwicklungszeit aber auch verdoppeln.

Abb. 44. Zwei nahezu fertig entwickelte Eier von *Cynops ensicauda popei*, etwa sieben Tage vor dem Schlupf). Man erkennt die charakteristische Streifung, Kiemenäste sowie Vorderbeine.

Abb. 45. Kunststoffdosen eigenen sich zur separaten Unterbringung von Laich.

Unterbringung der Eier

Da die meisten Molche Laichräuber sind, die sich oft am eigenen Laich und den Larven vergreifen, empfiehlt es sich, die frisch abgelegten Eier schnell aus dem Aquarium der Elterntiere zu entfernen. Hierzu schneidet man die eiertragenden Pflanzenteile einfach heraus. Auf ein Ablösen der Eier von den Pflanzen sollte verzichtet werden, da die Gefahr einer Zerstörung der schützenden Gallertschicht zu groß ist. Der Laich sollte danach getrennt nach Arten und Herkunft der Tiere in kleineren Behältern untergebracht werden (ggf. Beschriftung nicht vergessen). Wir empfehlen hierzu in Haushaltswarengeschäften erhältliche, flache, transparente Kunststoffdosen mit passendem Deckel, die eine Luftzirkulation erlauben.

Während der Eientwicklung sollten die Behälter abgedeckt werden um die Verdunstung von Wasser und damit eine stete Erhöhung der Salzkonzentration darin zu vermeiden. Auch sollten die Behälter an einen hellen Platz gestellt werden, damit die eitragenden Pflanzen nicht absterben. Um gegebenenfalls abgestorbene Eier sofort entfernen zu können, empfiehlt sich eine tägliche Kontrolle. Abgestorbene, meist unbefruchtete Eier erkennt man sofort an dem auf ihnen wachsenden, weißlich-pelzigen Pilzrasen.

Abb. 46. Auf unbefruchteten Eiern, wie diesen von *Cynops ensicauda ensicauda*, entwickeln sich rasch weißliche Pilzfäden.

Abb. 47. Bei dieser 13 mm langen, frisch geschlüpften Larve von *Cynops ensicauda popei* erkennt man Kiemenäste und die Vorderbeine.

Abb. 48. Knapp drei Wochen nach dem Schlupf ist diese Larve von *Cynops ensicauda popei* 19 mm lang. Man erkennt die noch unvollständig ausgebildeten Hinterbeine.

Larvenentwicklung

Direkt nach dem Schlupf sind die Larven - je nach Art - maximal etwa 10 mm lang. Im Kopfbereich erkennt man die auffälligen Kiemenbüschel. Direkt dahinter setzen die Vorderbeine an. Wie viele andere Molchlarven weisen auch *Cynops*-Larven direkt nach dem Schlupf eine charakteristische Längsstreifung auf.

In den ersten Lebenstagen führen sie noch eine sehr "passive" Lebensweise und liegen dabei bewegungslos auf dem Boden oder hängen im Dickicht von Wasserpflanzen. Etwa mit dem Ausbilden der Hinterbeine werden sie dann deutlich aktiver. In der Folgezeit verändert sich das Äußere der Larven: Sie verlieren ihre deutliche Streifung und Körper, Gliedmaßen und Kiemenbüschel werden kräftiger. Auch nehmen die Hautsäume auf Rücken und Schwanz die Form an, die sie bis zur Umwandlung zum Landleben behalten werden. Das Ende der Larvalzeit kommt meist relativ abrupt. Innerhalb weniger Tage werden Kiemenbüschel und Hautsäume zurückgebildet, während gleichzeitig die charakteristische Pigmentierung der erwachsenen Tiere immer deutlicher wird.

In der Zeit der Umwandlung halten sich die Tiere bevorzugt in flachem Wasser auf, meist in den dich-

Abb. 49. Eine *Cynops ensicauda popei*-Larve etwa 60 Tage nach dem Schlupf.

Abb. 50. *Cynops*-Larven sollten separat in Aquarien mit dichter Bepflanzung aufgezogen werden.

ten Schwimmpflanzenteppichen nahe der Oberfläche. Die gesamte Dauer der Larvalphase hängt vor allem von den Wassertemperaturen und dem Futterangebot ab und kann etwa zwischen zwei bis vier Monaten variieren. Interessanterweise führt besonders ein andauernder Futtermangel oft zu einer verfrühten Umwandlung der Tiere, wobei die resultieren Jungmolche extrem klein sind. Dabei scheint es sich um eine Reaktion auf die schlechten Umweltbedingungen zu handeln, denen der Molch zu entgehen versucht indem er seinen Lebensraum wechselt. Die Vitalität von Tieren solcher "Notumwandlungen" scheint aber nicht sehr gut zu sein. Umgekehrt verbleiben Larven bei einem guten Futterangebot oft sehr lange im Wasser und weisen dann bei der Metamorphose schon beträchtliche Größen auf.

Unterbringung und Pflege der Larven

Während für die Schlüpflinge noch kleine Behälter wie Kühlschrankdosen ausreichen, müssen die älteren, aktiveren Larven in dicht mit Wasserpflanzen besetzte Aquarien mit 30-40 cm Länge (12-25 l) überführt werden.

Um die Reinhaltung der Becken zu erleichtern verzichten wir bei den Larvenbecken auf das Einbringen von Bodengrund. Wir empfehlen, eine Besatzdichte von etwa einer Larve je Liter Wasser nicht zu überschreiten. Insbesondere bei älteren, großen Larven sollte dieser Wert aber eher unterschritten werden. Es ist sehr wichtig, die Larven getrennt nach Größenklassen unterzubringen. Insbesondere bei Futtermangel fallen sich die Tiere gegenseitig an und beißen sich Gliedmaßen und Kiemenäste ab oder fressen sich - bei deutlich unterschiedlichen Größen - gegenseitig auf. Wie die Jungmolche müssen auch die Larven für eine rasche und gesunde Entwicklung unbedingt regelmäßig und reichlich gefüttert werden. Nach Möglichkeit sollte dies mindestens alle zwei Tage erfolgen. Besser ist, wenn die Tiere permanent Futter im Behälter haben. Sehr junge Larven können mit gesiebten Wasserflöhen und *Artemia* gefüttert werden. Ab einer Gesamtlänge von rund 20 mm werden dann aber auch kleine *Tubifex* und kleine Mückenlarven genommen.

Da die Larvenaquarien in der Regel dichter besetzt sind als die der erwachsenen Tiere, sollte hier auch ein häufigerer Wasserwechsel erfolgen. Wir empfehlen etwa wöchentlich rund die Hälfte des Behältervolumens auszutauschen und dabei insbesondere die Kotreste vom Aquarienboden mit einem Schlauch aufzusaugen. Ähnlich wie Behälter zur Ei-Unterbringung sollten auch die Larvenaquarien abgedeckt sein, um eine Verdunstung des Wassers zu vermeiden. Eine Abdeckung der Behälter muss auch erfolgen, um ein Entweichen der frisch umgewandelten Molche zu verhindern. Diese können problemlos an senkrechten Scheiben klettern. Um ein Ertrinken zu verhindern müssen die frisch umgewandelten Jungmolche umgehend aus dem Aquarium in einen Aufzuchtbehälter überführt werden.

Abb. 51. Bei diesem *Cynops ensicauda popei*-Jungtier sind etwa sechs Monate nach der Metamorphose schon die charakteristischen hellen "Schimmelflecken" erkennbar.

Aufzucht der metamorphosierten Jungtiere

Anders als die erwachsenen Tiere können frisch metamorphosierte bis halbwüchsige Feuerbauchmolche nicht im Aquarium gehalten werden. Zur Aufzucht der Jungtiere muss ein spezielles Aufzuchtterrarium eingerichtet werden. Das Prinzip und die Gestaltung eines solchen Behälters wurde schon vor rund 80 Jahren vom berühmten Molchkenner WILLY WOLTERSTORFF als so genanntes "*Tradescantia*-Glas" erdacht und bis heute praktisch unverändert verwendet. Es handelt sich dabei um ein einfaches Glasgefäß ohne Bodengrund, in das eine wenige Millimeter hohe Wasserschicht sowie einige Ranken der Pflanze *Tradescantia* und ein oder zwei Steine oder Holzstücke eingebracht werden. Mit zunehmender Größe und der Neigung der Jungtiere wieder ganz im Wasser zu bleiben, kann dann im Aufzucht-Behälter der Wasserstand schrittweise erhöht werden. Die Bereitschaft der Jungtiere zur aquatilen Lebensweise ist jedoch sehr unterschiedlich. Während sich manche halbwüchsigen Exemplare standhaft weigern das Wasser aufzusuchen – sie sind an ihrer trocken-körnigen, samtig erscheinenden Haut zu erkennen – suchen andere Tiere schon bald wieder das Wasser auf. Erstere können in aller Regel im Alter von sechs bis 12 Monaten wieder an ein dauerhaftes Wasserleben gewöhnt werden. Letztere sollten grundsätzlich nicht in einem Behälter mit "tiefem" Wasser gehalten werden, da hier die Gefahr des Ertrinkens sehr groß ist.

Ein wichtiger Punkt bei der Aufzucht von Jungmolchen ist ihre regelmäßige und reichliche Fütterung. Im Gegensatz zu erwachsenen Tieren tolerieren Larven und Jungtiere längere Hungerperioden nicht. Sie sollten also am besten "im Futter stehen" und jederzeit fressen können. Jungtiere verschiedener Größenklassen sollten aufgrund unterschiedlicher Futteransprüche und benötigter Futtergrößen immer getrennt gehalten werden. Als Standard-Aufzuchtfutter für die metamorphosierten Jungmolche benutzen wir seit Jahren vornehmlich Essig- oder Fruchtfliegen (*Drosophila*). Zu Fütterung werden die Zuchtgläser der Fliegen einfach schräg in das Aufzuchtbecken gelegt, so dass die Molche in das Glas (und wieder heraus!) gelangen können. Für ein paar Tage bedienen sich die Molche bei Bedarf selbst und fressen in erster Linie die Fliegenlarven von den Wänden des Glases. Sobald sich keine Maden mehr im Glas befinden, sollte dieses gegen ein Neues ausgetauscht werden. Bei dieser Form der Fütterung muss man allerdings sehr darauf achten, dass der Nährboden für die Fliegen nicht zu flüssig wird und die Molche darin festkleben. Auch sollte kein Nährsubstrat aus dem Fliegenglas in den Molchbehälter gelangen und dort schimmeln.

Sollten keine *Drosophila* verfügbar sein, bieten sich zur Fütterung von *Cynops*-Jungtieren Micro-Heimchen an. Diese haben aber den Nachteil, dass sie im Aufzuchtbehälter sehr schnell ins Wasser gelangen und dort ertrinken. Die toten Heimchen müssen dann unverzüglich aus dem Wasser entfernt

Abb. 52. Schon als Jungtiere kann man bei *Cynops ensicauda popei* die Weibchen an ihren längeren Schwänzen erkennen (jeweils rechts und links ein Exemplar mit dem Kopf nach oben).

werden. Weitere zur Aufzucht geeignete Futtertiere sind Blattläuse, Enchyträen und Springschwänze. Wenn die Tiere freiwillig das Wasser aufsuchen, können dort auch *Tubifex,* Wasserflöhe und Rote Mückenlarven angeboten werden.

Alternativ zur Aufzucht in Terrarien kann man die Jungtiere auch zum Futter setzen und in einer Futterkiste (vgl. Kapitel "Futtertiere") unterbringen. Diese Methode wurde von GROSSE (2004) vorgestellt und hat sich unter anderem auch bei sehr kleinen, frisch verwandelten Chinesischen Feuerbauchmolchen (*Cynops orientalis*) bewährt.

Nach unseren Erfahrungen und diversen Angaben in der Literatur erreichen alle hier näher behandelten Feuerbauchmolch-Arten ihre **Geschlechtsreife** im Alter von etwa zwei bis drei Jahren. Verzögerungen können sich aber etwa durch eine dauerhaft unzureichende Ernährung ergeben.

Probleme bei der Nachzucht

Auch Feuerbauchmolche lassen sich nicht immer "auf Bestellung" nachzüchten. Manchmal erlebt man Jahre, in denen die Zucht der Tiere einfach nicht klappen will, obwohl die gleiche Gruppe zum Beispiel im Vorjahr reichlich Nachwuchs produziert hat. Die Gründe hierfür sind oft nicht erkennbar. In manchen Fällen erledigt sich das Problem im Folgejahr von selbst und man kann dann wieder mit Nachwuchs rechnen. In jedem Fall sollte man aber überdenken, ob die Fütterung während der Paarungszeit ausreichend war und ob Länge der Winterruhe, Temperaturabsenkung und Verkürzung der Tageslängen genügten.

Besonders bei Tieren von Arten, die manchmal verstärkt ans Land streben (*C. orientalis*, eventuell auch *C. ensicauda*) kann eine Überwinterung an Land helfen, die Fortpflanzungsbereitschaft zu erhöhen. Als weiteren Tipp können wir empfehlen, die Geschlechter außerhalb der Paarungszeit getrennt zu halten und erst nach der Überwinterung zusammen zu setzen. Sind beide Geschlechter fortpflanzungsbereit, setzen meist schon unmittelbar nach dem Zusammenführen die Paarungsspiele ein.

Bei *C. pyrrhogaster* muss schließlich auch daran gedacht werden, dass nach derzeitigem Kenntnisstand manche Populationen genetisch und verhaltensbiologisch so weit voneinander entfernt sind, dass eine Kreuzung dieser Tiere nicht möglich ist. Hier hilft es nur, seine Gruppe neu zusammenzustellen.

Krankheiten

Abb. 53. Bissverletzungen, wie hier im Schwanz eines *Cynops orientalis*-Männchens, verheilen meist rasch und ohne Komplikationen.

In manchen Fällen wird man feststellen, dass die Tiere an Krankheiten leiden. Anzeichen hierfür sind beispielsweise deutliche Gewichtsverluste trotz "normaler" Fütterung und insbesondere Veränderungen der Haut, wie Beläge oder offene, nicht heilende Wunden, Pusteln, Ödeme oder Ähnliches. In den meisten Fällen ist es dem Nicht-Mediziner ohne Labor-Diagnostik nicht möglich, die entsprechenden Krankheiten zu erkennen oder gar zu heilen. Ehrlicherweise muss man sogar sagen, dass viele Tiere auch bei professioneller Diagnose und Behandlung nicht zu retten sind. Es würde den Rahmen dieses Buches deutlich sprengen, hier im Detail auf die verschiedenen Krankheitsbilder und mögliche Behandlungen einzugehen und wir müssen auf die entsprechende weiterführende Literatur verweisen (z.B. Köhler 1996).

In jedem Fall sollten Exemplare, bei denen der Verdacht auf eine Krankheit besteht, umgehend gesondert untergebracht werden. Um ein eventuelles Übergreifen einer Seuche (der Verdacht besteht z.B. beim Auftreten von Pusteln, Ödemen und Blutungen), auf gesunde Bestände zu verhindern, sollten darüber hinaus noch Behälter und Einrichtungsgegenstände desinfiziert sowie die alten Pflanzen entsorgt werden. Zusätzlich sollte man sich nach jedem Hantieren in Behältern mit kranken Tieren sorgfältig und lange die Hände waschen. Wir empfehlen in jedem Fall, den Rat eines Veterinärs zu suchen, der sich auf Amphibienkrankheiten spezialisiert hat.

Beim Verlust von einzelnen Gliedmaßen und großen Teilen des Schwanzes, etwa durch Beißereien oder Unfälle, besteht grundsätzlich die Möglichkeit, dass die Tiere solche Körperteile wieder regenerieren. Insbesondere junge Schwanzlurche sind hierzu in der Lage. Kommt es zu einer solchen Verletzung, wirken die Tiere eine Zeit lang angeschlagen, erholen sich dann aber, solange keine Infektion der Wunde eintritt. Man sollte solche Patienten eine Zeit lang einzeln halten und auf peinliche Sauberkeit achten. Sobald die Molche wieder ihr normales Verhalten zeigen und die Wunde verheilt ist, können sie wieder in ihren angestammten Behälter gesetzt werden.

Artbeschreibungen

Abb. 54. Dieses Weibchen von *Cynops ensicauda ensicauda* weist eine ungewöhnlich starke Längsstreifung auf.

Schwertschwanzmolch

Cynops ensicauda **(HALLOWELL, 1860)**

Verbreitung: Japanische Amami- und Okinawa-Inselgruppen (Ryukyu-Archipel), im Einzelnen die Inseln Amami, Kikai, Kakeroma, Yoro und Uke (Amami-Gruppe) sowie Okinawa, Zamami und Aka (Okinawa-Gruppe).

Beschreibung: Mit knapp 18 cm Gesamtlänge (Weibchen) die größte Art der Gattung. Oberseite schwärzlichbraun mit unterschiedlich markanten, teils unterbrochenen bräunlich-orange-

Abb. 55. Ein subadulter *Cynops ensicauda popei* mit der für die Unterart charakteristischen weißen Fleckung auf dem Rücken.

farbenen Längsstreifen entlang der deutlichen Dorsolateral- und der Rückenleisten. In wechselndem Umfang unregelmäßige weißlich-graue Flecken auf Oberseite und Schwanz (vgl. Unterarten / Variation). Männchen teilweise mit blauer Brunftfärbung auf den Schwanzseiten. Bauch orangefarben, mit sehr variablem Muster aus unregelmäßigen rundlichen Flecken. Schwanzfaden fehlend. Schwanz bei den Weibchen deutlich länger als Kopf-Rumpf-Länge, kürzer als die Kopf-Rumpf-Länge bei den Männchen.

Unterarten / Variation: Es werden zwei Unterarten unterschieden: Neben *C. e. ensicauda* auf der Amami-Inselgruppe wurde *C. e. popei* von der Okinawa-Inselgruppe beschrieben. Letzterer

Abb. 56. Dieses Männchen von *Cynops ensicauda popei* zeichnet sich durch eine nur spärlich gefleckte Unterseite aus.

Abb. 57. Im Unterschied zu *Cynops ensicauda popei* besitzen die Männchen von *C. e. ensicauda* blaue Flecken an den Schwanzseiten.

zeichnet sich insbesondere durch eine stärkere weißliche Fleckung auf dem Rücken und Schwanz aus. GORIS & MAEDA (2004) halten dieses Merkmal jedoch für direkt von Umwelteinflüssen abhängig und erkennen *C. e. popei* nicht an. Die helle Fleckung soll demnach besonders bei Beständen aus stark besonnten Lebensräumen auftreten und bei einer Haltung unter geringer Lichtintensität wieder verschwinden. Aus unserer Erfahrung können wir dies nicht bestätigen. Vielmehr blieben die Flecken der von uns gehaltenen Tiere und deren Nachzuchten über viele Jahre - auch in sehr dunklen Becken - völlig unverändert. Lediglich bei sehr alten, fast 20 Jahre alten Tieren war ein gewisses "Nachdunkeln" zu beobachten. Ein weiteres Merkmal zur Unterscheidung der beiden Unterarten ist auch das Vorhandensein von blauen Streifen auf den Schwanzseiten von *C.*

Abb. 58. Die Bauchzeichnung ist bei *Cynops ensicauda* sehr variabel. Hier ein *Cynops ensicauda popei*-Männchen mit großen, dunklen Flecken.

e. ensicauda-Männchen zur Paarungszeit. Bei *C. e. popei* fehlt dieser völlig. Im Übrigen sind die beiden Formen nach Hayashi & Matsui (1988) biochemisch so weit differenziert, dass am Status der Unterarten kein Zweifel bestehen kann.

Besonderheiten der Haltung und Zucht: Von den drei hier vorgestellten Arten benötigt *C. ensicauda* die größten Behälter. Für eine kleine Gruppe erwachsener Tiere sollte man ein Aquarium von mindestens 80 cm Seitenlänge einplanen. Obwohl Schwertschwanzmolche in der Natur regelmäßig an Land leben, lässt sich die Art gut ganzjährig im Aquarium halten. Ein kleiner Landteil, etwa eine Korkinsel, sollte aber immer im Behälter vorhanden sein. Genauso gut kann *C. ensicauda* aber auch im Aqua-Terrarium und Paludarium gehalten werden.

Aufgrund seines weit südlich gelegenen Verbreitungsgebietes pflanzt sich *C. ensicauda* auch mit nur geringer winterlicher Temperaturabsenkung fort. Erwachsene Tiere vertragen allerdings auch monatelange niedrige Wintertemperaturen und paaren sich dann bereits bei Wassertemperaturen um 10°C. Jungtiere erscheinen uns aber gegenüber Temperaturen unter 10°C empfindlich und sollten wärmer gehalten werden. Hohe Sommertemperaturen (bis 28°C) werden aber von allen Altersklassen problemlos vertragen.

Abb. 59. Ältere Larve von *Cynops ensicauda popei.*

Bei unseren Schwertschwanzmolchen können wir Fortpflanzungsaktivitäten über den größten Teil des Jahres beobachten. Nur vom Hochsommer bis in den Spätherbst scheinen die Tiere diese zu unterbrechen.

Als Alternative zu der relativ arbeitsaufwändigen gesonderten Aufzucht der Larven kann man besonders bei *C. ensicauda* versuchen, Eier und Larven einfach im Aquarium der Eltern zu belassen. Dies empfiehlt sich allerdings nur, wenn es sich um ein dicht bepflanztes und gut eingefahrenes Aquarium mit der entsprechenden Fauna an Kleinlebewesen (Futter) und vielen Versteckplätzen handelt und man keinen Wert auf große Zahlen von Nachzuchttieren legt. Wir belassen schon seit Jahren den kompletten Nachwuchs einer Gruppe von *C. ensicauda popei* im Aquarium und erhalten auf diese Art jeweils im Spätsommer/Herbst ein bis drei Dutzend vitale Jungtiere. Eine gesonderte Fütterung erfolgt im entsprechenden Aquarium nur gelegentlich durch die Gabe von Wasserflöhen. Ansonsten ernähren sich die Larven komplett von kleinen Futtertieren, die von den Erwachsenen nicht gefunden werden.

Allerdings müssen die Larven kurz vor der Metamorphose in einen Behälter mit flachem Wasserstand überführt werden, da sonst die Gefahr des Ertrinkens zu groß ist.

Japanischer Feuerbauchmolch

Cynops pyrrhogaster **(Boie, 1826)**

Verbreitung: Japanische Hauptinseln Honshu, Shikoku, Kyushu sowie zahlreiche vorgelagerte kleine Inseln, von denen die wichtigsten folgende sind: Sadoga, Oki, Iki, Goto Archipel, Naga, Amakusashimo, Amakusakami sowie Awaji.

Beschreibung: Die Art ist hinsichtlich ihrer Färbung und bestimmten Körperproportionen sehr variabel (vgl. "Unterarten/Variation"). Allen Tieren gemeinsam ist eine dunkelbraune bis schwarze Grundfarbe (selten mit kleinen rötlichen Flecken und Streifen im Schulterbereich und entlang der oberen Flanken), eine meist stark warzige Haut, auffällig hervorstehende Parotiden sowie deutliche Dorsolateral- und Rückenleisten. Die Schwanzspitzen der Männchen sind während der Paarungszeit verrundet mit einem kurzen Endfaden oder sie laufen spitz zu und

Verbreitung von *C. pyrrhogaster*

Abb. 60. Manche *Cynops pyrrhogaster*-Exemplare weisen oberseits einzelne Flecken auf.

Abb. 61. Nur selten weisen *Cynops pyrrhogaster*-Männchen eine derart intensiv blaue Brunftfärbung auf.

Abb. 62. Brünftiges Männchen von *Cynops pyrrhogaster*.

weisen einen langen Schwanzfaden auf. Auch Weibchen können Ansätze eines Schwanzfadens haben. Die Brunftfärbung der Männchen besteht aus blauen und/oder rötlich-violetten Farbelementen auf den Schwanz- und Körperseiten. Die Grundfärbung der Unterseite variiert zwischen kräftig rot und blass orangefarben und weist sehr variable dunkle Fleckenmuster auf. Sehr selten treten Farbvarianten auf, die rezessiv vererbt werden. MATSUI et al. (2003) geben einen Überblick über solche Varianten und beschreiben drei Grundtypen, von denen einer oberseits einfarbig rötlich ist, ein weiterer scharf abgesetzte dunkle Flecken auf rötlichem Grund aufweist und der dritte sich durch diffus-wolkige, dunkle Areale auf rötlichem Grund auszeichnet. Nachzuchttiere von Eltern solcher Mutationen wiesen eine gelbliche anstatt der rötlichen Grundfärbung auf. Dies wird von den Autoren als Carotinmangel während der Aufzucht gedeutet.

Abb. 63. Männchen von *Cynops pyrrhogaster* weisen meist lange Schwanzfäden auf.

Abb. 64. Ein brünftiges Männchen von *Cynops pyrrhogaster sasayamae* mit violetter Schwanzfärbung.

Unterarten / Variation: Schon 1898 schrieb der Molchkenner W. WOLTERSTORFF über *Cynops pyrrhogaster*: "Die Variabilität dieses schönen Tieres, besonders in der Bauchfärbung, spottet jeder Beschreibung und erheischt noch eingehende Untersuchung". Tatsächlich variieren Japanische Feuerbauchmolche je nach Herkunft in bestimmten Körper- und Färbungsmerkmalen beträchtlich und auch heute erscheint die Frage nach der systematischen Stellung dieser Formen noch nicht befriedigend geklärt. Die ersten Schritte zur Lösung dieser Frage unternahm im Jahr 1963 der japanische Wissenschaftler S. SAWADA, der grundlegende Arbeiten zur geographischen Variation der Art publizierte. In einer ersten Arbeit (SAWADA 1963a) analysierte er die Merkmale von rund 5000 Exemplaren aus dem gesamten Verbreitungsgebiet und kam zu dem Schluss, dass sich hinsichtlich Färbung und Körper-

Abb. 65. Ein auffälliges Merkmal der Kanto-Form von *Cynops pyrrhogaster* ist das verrundete Schwanzende der Männchen, das manchmal eine kurze Spitze aufweisen kann (vgl.auch Abb.63).

Abb. 66. Ein *Cynops pyrrhogaster sasayamae*-Weibchen mit der typischen Netzzeichnung auf der Bauchseite.

proportionen fünf "Rassen" oder Formen ("Atsumi race", "Sasayama race", "Hiroshima race", "Kanto race", "Tohoku race") mit mehr oder minder konstanten Merkmalsausprägungen definieren lassen, die mosaikartig verbreitet sind. Zusätzlich existieren Übergangsformen ("intermediate race"), die geographisch zwischen den oben genannten Rassen vermitteln und von Fundort zu Fundort andere Merkmalsausprägungen und -verteilungen aufweisen. Die Unterschiede zwischen den Formen SAWADAs sind teils sehr anschaulich und leicht zu erkennen (etwa die Schwanzform der Kanto-Form oder die Bauchzeichnung der Sasayama-Form), teils aber bei nur mit einer statistischen Auswertung zu erfassen (deutliche Mittelwertunterschiede aber überlappende Extremwerte bei den Schwanzproportionen).

Unglücklicherweise unterliegt gerade die für den Betrachter sehr einfach zu erfassende Bauchseiten-Zeichnung und -Färbung einer besonders komplizierten Variation. SAWADA unterschied hier fünf Zeichnungsgrundtypen:
(1) Bauch ungefleckt,
(2) mit unregelmäßig angeordneten kleinen Punkten,
(3) mit zwei Reihen großer Flecken, die an den Seiten angeordnet sind,
(4) mit einer dichten schwarzen Netzzeichnung, die nur kleine rote Bereiche und weißliche Punkte frei lässt,
(5) nur eine schmale, wellenförmige Zone in der Bauchmitte ungefleckt, Bauch zu den Rändern hin dunkel.

Es muss nicht erwähnt werden, dass zwischen diesen Grundtypen alle möglichen Übergänge auftreten können. SAWADA stellte nun fest, dass der Zeichnungstyp 5 hauptsächlich im Norden und Osten von Honshu – bei der Tohoku- und Kanto-Form – auftritt während der Zeichnungstyp 4 bei der Sasayama-Form in einem Gebiet im Süden von Honshu dominiert. Dagegen treten die Zeichnungstypen 1, 2 und 3 zusammen genommen besonders häufig auf der Atsumi-Halbinsel im Süden von Honshu (Atsumi-Form), sowie im Westen von Honshu, auf Shikoku und Kyushu auf (Hiroshima-Form). Allerdings treten die Zeichnungstypen fast nirgendwo in "Reinform" auf. Mit

Ausnahme von vier Stichproben im Norden und Osten von Honshu, wo ausschließlich der Typ 5 auftritt, fand Sawada immer ein Gemisch verschiedener Typen vor. So kann beispielsweise eine Stichprobe aus dem Areal der Sasayama-Form zu drei Vierteln aus Tieren mit einer Netzzeichnung bestehen (Typ 4), während ein Viertel zeichnungslose oder gefleckte Tiere (Typen 1-3) sind. Andersherum können etwa auch im Areal der Hiroshima-Form überwiegend gefleckte Tiere auftreten, die zu einem geringeren Anteil von Individuen gemischt sind, die wellenförmige Bänder auf dem Bauch haben.

Abb. 67. Bei Tieren der Kanto-Form von *C. pyrrhogaster* tritt fast ausschließlich das Bauchzeichnungsmuster vom Wellentyp auf.

	relative Schwanzlänge (SL/GL)		relative Schwanzhöhe (SH/SL)		Form der Schwanzspitze	Brunftfärbung auf dem Schwanz	vorherrschende Bauchzeichnung	Rückenstreifen
	M	W	M	W	M	M	M + W	M + W
"Atsumi race"	0,54	0,52	**0,17**	**0,15**	spitz / Faden	**keine**	Flecken	**ja**
"Sasayama race"	0,53	0,54	0,12	0,10	spitz / Faden	ja	**Netz**	nein
"Hiroshima race"	0,51-0,52	0,53	0,12-0,14	0,10	spitz / Faden	ja	Flecken, Wellen	nein
"Tohoku race"	0,53	0,53	0,13	0,10	spitz / Faden	ja	Wellen	nein
"Kanto race"	**0,48**	**0,49**	**0,18**	**0,14**	**rund**	**wenig**	Wellen	nein
"intermediate race"	0,53-0,54	0,53-0,54	0,13	0,10	spitz / Faden	ja	alle	nein

Tab. 4. Die *Cynops pyrrhogaster*-Formen Sawadas (1963a) und ihre wichtigsten Merkmale. Besonders stark differenzierende Werte sind **fett** hervorgehoben. SL/GL = Schwanzlänge / Gesamtlänge, SH/GL = Schwanzhöhe / Gesamtlänge. Angegeben sind Mittelwerte, bzw. die Spannweite von Mittelwerten verschiedener Stichproben. "Flecken": zeichnungslos, regellose Flecken, in Reihen angeordnete Flecken; "Netz": zusammenfließende schwarze Flecken, die nur noch kleine rötliche Stellen frei lassen; zusätzlich noch kleine weißlich-gelbe Pigmentflecken; "Wellen": große schwarze Flecken fließen an den Bauchseiten zusammen und lassen nur in der Bauchmitte eine schmale, wellenförmige Zone frei. Abkürzungen: M = Männchen; W = Weibchen.

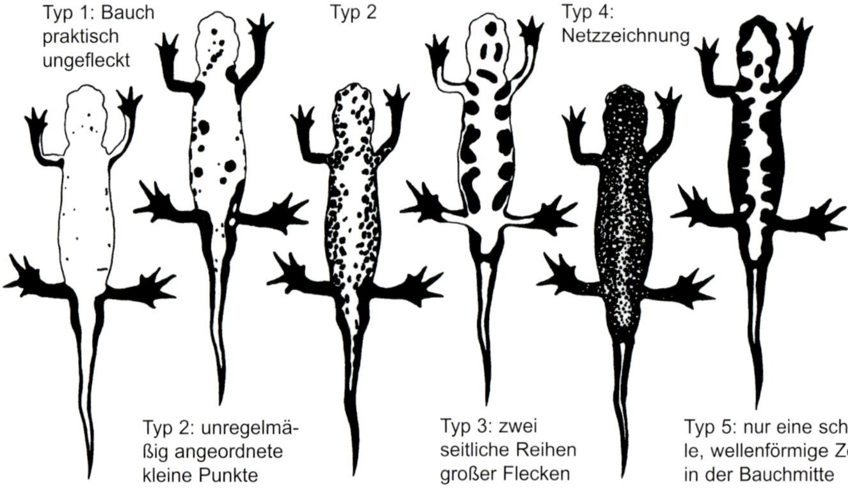

Abb. 68. Beispiele für die Typisierung der Bauchzeichnungsmuster von *Cynops pyrrhogaster* nach SAWADA (1963a).

Alles in allem macht es die Situation in vielen Fällen unmöglich, Einzeltiere ohne Kenntnis des Fundortes sicher einer der Formen zuzuordnen.

Parallel zu den morphologischen Arbeiten analysierten KAWAMURA & SAWADA (1959) und SAWADA (1963b) auch die Paarungserfolge zwischen Tieren verschiedener Populationen. SAWADA (1963b) kam zu dem Ergebnis, dass zwischen einigen der Populationen praktisch keine erfolgreichen Paarungen mehr stattfinden können und diese somit komplett sexuell voneinander isoliert seien. Dies betrifft vor allem die Rassen aus Sasayama, Kanto und von der Atsumi-Halbinsel. Von diesen drei Formen in einem etwas geringeren Umfang getrennt erscheinen die Tiere der Hiroshima- und Tohoku-Populationen. Der Grad der sexuellen Isolierung scheint dabei in etwa parallel zu den morphologischen Differenzierungen zu laufen. Die Trennung der Formen basiert in erster Linie darauf, dass die Weibchen das männliche Balzverhalten nicht akzeptieren und kein Interesse an einer Paarung zeigen. Die Gründe hierfür liegen wahrscheinlich teils in unterschiedlichen Ver-

Abb. 69. Im Gegensatz zu erwachsenen Tieren weisen junge *Cynops pyrrhogaster sasayamae* noch ein Bauchmuster aus großen und getrennten Flecken auf.

haltensweisen begründet, etwa den einzigartigen Paarungsbissen von Tieren der Kanto-Form (vgl. auch BACHHAUSEN 2003c) oder der ausschließlichen Nachtaktivität der Tiere von der Atsumi-Halbinsel. Eventuell spielt aber auch teils die mangelnde Kompatibilität der bei den Paarungsspielen übertragenen Botenstoffe eine Rolle.

Abb. 70. Eine eigenständige Art? Männchen der Kanto-Form von *Cynops pyrrhogaster*.

SAWADA verzichtete seinerzeit auf eine wissenschaftliche Benennung der von ihm charakterisierten Formen, etwa durch die Beschreibung von Unterarten. Wenige Jahre später beschrieb allerdings MERTENS (1969) ohne Umschweife die von SAWADA herausgearbeitete und charakterisierte Sasayama-Form als *Triturus pyrrhogaster sasayamae*. Bis in die heutigen Tage ist damit die Unterartgliederung von *C. pyrrhogaster* in einer sehr unbefriedigenden Form festgelegt: Dem lediglich durch seine Bauchzeichnung charakterisierten *C. p. sasayamae* steht ein extrem heterogenes Gemisch verschiedener geographischer Formen im gesamten umgebenden "Rest" des Verbreitungsgebietes gegenüber, das man als *C. pyrrhogaster pyrrhogaster* bezeichnet. Erst in jüngster Zeit haben sich die japanischen Wissenschaftler T. HAYASHI und M. MATSUI wieder dem Problem gewidmet. In zwei Arbeiten untersuchten die Autoren die genetische Variation von *C. pyrrhogaster* im Westen (1988) und Norden (1990) Japans. Die biochemischen Befunde laufen dabei größtenteils parallel zu den Ergebnissen SAWADAS, lassen aber im Bereich der Hiroshima-Form (im Sinne SAWADAS) noch eine weitere deutlich differenzierte Population im äußersten Süden der Insel Kyushu erkennen (HAYASHI & MATSUI 1988). Im Osten Japans (HAYASHI & MATSUI 1990) sind die Unterschiede zwischen den Tieren der Kanto- und der Tohoku-Form so stark, dass sie verschiedenen Arten zugerechnet werden könnten. Wie auch schon seinerzeit SAWADA verzichteten auch HAYASHI und MATSUI bisher auf das "Festzurren" ihrer Untersuchungsergebnisse in Form von Beschreibungen von Unterarten oder etwa dem Abtrennen der Kanto-Form als eigener Art. Dies liegt wahrscheinlich auch daran, dass die Analyse bisher noch nicht vollständig ist und insbesondere Aussagen zu den Beziehungen zwischen den west- (Hiroshima, Süd-Kyushu, Sasayama) und ostjapanischen Formen (Kanto, Tohoku) fehlen, sowie Tiere von der Atsumi-Halbinsel bisher nicht berücksichtigt wurden.

Insgesamt deutet sich in der Gesamtschau der bisher erfolgten Arbeiten folgendes Bild an: Aller Wahrscheinlichkeit nach besteht der heutige *Cynops pyrrhogaster* in Wirklichkeit aus mindestens zwei Arten, die sich genetisch und morphologisch deutlich unterscheiden und sexuell voneinander isoliert sind, nämlich die Kanto-Population (wahrscheinlich neu zu beschreiben) und den Populationen des restlichen Gebietes (= *C. pyrrhogaster*). Der eigentliche *C. pyrrhogaster* wiederum ließe sich in Unterarten gliedern, nämlich in die Nominatform *C. p. pyrrhogaster* (terra typica von *Molge pyrrhogaster* Boie, 1826 restringiert zu "Nagasaki" von Hoogmoed 1978: 99), die größtenteils identisch ist mit der Hiroshima-Form sensu Sawada (1963a), die Süd-Kyushu-Form (sensu Hayashi & Matsui 1988), *C. p. sasayamae* sowie eventuell die Tohoku-Form. Der Status und die Beziehungen der Atsumi-Form sind dagegen bisher noch unklar.

Besonderheiten der Haltung und Zucht: Erwachsene Tiere können ganzjährig im Aquarium gehalten werden. Die Art scheint als Auslöser zur Paarung im Winter deutliche und lange Temperaturabsenkungen bis etwa 10°C zu benötigen. Aufgrund der starken genetischen Differenzierung der japanischen Feuerbauchmolche und verhaltensbiologischen Unterschieden können Zuchtversuche mit Tieren unterschiedlicher Herkunft unter Umständen nicht gelingen. Eine Grundvoraussetzung für die Nachzucht sind daher Tiere aus derselben genetischen Population. Die Zeitigung der Eier sowie die Aufzucht der Larven und Jungtiere erfolgt wie im allgemeinen Teil des Buches beschrieben.

Chinesischer Feuerbauchmolch, Chinesischer Zwergmolch - *Cynops orientalis* (David, 1873)

Verbreitung: Zentrales Ost-China, etwa zwischen den Städten Shanghai im Norden und Fuzhou im Süden. Die Art bewohnt ein klimatisch relativ vielfältiges Gebiet, das im Süden fast bis an den Rand der Tropen reicht und im Norden und Westen auch winterkalte Gebiete umfasst.

Beschreibung: Mit maximal 10 cm Gesamtlänge (Weibchen) die kleinste Art der Gattung. Männchen nicht länger als 8 cm. Oberseite meist einfarbig dunkelbraun bis schwarz, zuweilen schiefergrau mit unregelmäßigem Fleckenmuster. Selten können oberseits kleine rötliche Flecken im Hinterkopfbereich und auf der Oberseite der Vorderbeine auftreten. Haut sehr fein gekörnelt, im Wasser meist glatt

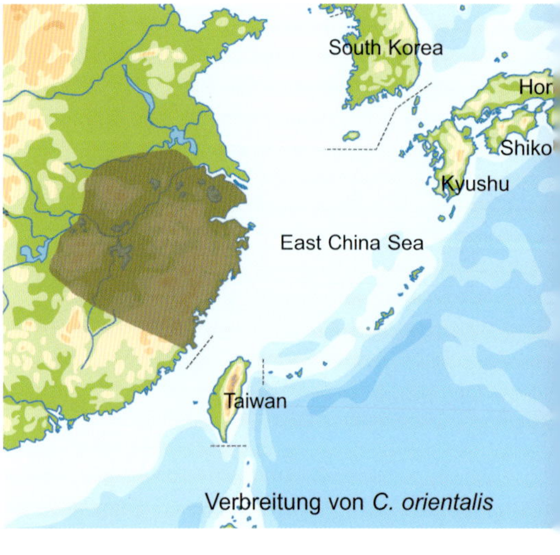

Verbreitung von *C. orientalis*

Abb. 71. Ein Weibchen von *Cynops orientalis* mit einfarbig schwarzer Oberseite.

erscheinend. An den Schwanzseiten, Flanken und im Kopfbereich Reihen von kleinen Hautgruben, deren Ränder oft kreisförmig hell abgesetzt sind. Dabei könnte es sich um die Rezeptorengruben eines Seitenlinienorgans handelt, das dazu dient Wasserströmungen und Unterschiede im Wasserdruck wahrzunehmen. Parotiden verhältnismäßig klein und wenig hervorstehend. Keine Rücken- und Dorsolateralleisten. Schwanzspitze bei beiden Geschlechtern verrundet und ohne Faden. Unterseite ziegelrot mit grauer bis schwarzer, variabler Fleckung.

Unterarten / Variation: Unterarten sind von *C. orientalis* nicht bekannt. Die Art unterliegt aber einer gewissen Variation (vgl. auch CHANG & BORING 1935). Neben Tieren mit schwarzen Oberseiten werden auch Exemplare importiert, die oberseits einfarbig schiefergrau oder grau gemustert sind. Auch bei der Unterseitenfärbung kann man verschiedene Typen unterscheiden, etwa regellose Fleckenmuster und solche, bei denen große Flecken in zwei Reihen angeordnet sind. Da aber die genaue Herkunft dieser durch den Zierfischhandel importierten Formen unbekannt ist, kann derzeit eine eventuelle geographische Variabilität der Art nicht weitergehend interpretiert werden. Auf jeden Fall sollte darauf geachtet werden, dass Tiere äußerlich unterscheidbarer Bestände nicht zur Zucht zusammengesetzt werden.

Besonderheiten der Haltung und Zucht: Kleinste hier vorgestellte Art der Gattung, bei der zwei Pärchen schon in Aquarien mit einer Seitenlänge von 40 cm gehalten werden können.

Abb. 73. Trächtiges Weibchen von *Cynops orientalis*.

Pflege und Nachzucht entsprechen denen der anderen beiden hier vorgestellten *Cynops*-Arten und sind im Grunde unproblematisch. Da aber die Herkunft der im Einzelhandel erhältlichen Importiere praktisch nicht zu ermitteln ist, bleiben meist gewisse Unsicherheiten bezüglich der Haltung, etwa über Dauer und Stärke der winterlichen Temperaturabsenkung. Nach den bisher publizierten Informationen laichten Tiere sowohl nach einer Überwinterung im Terrarium bei etwa 15°C, als auch nach einer Überwinterung im Aquarium bei Temperaturen zwischen 5 und 10°C ab. Im Sommer werden Wassertemperaturen bis 26°C vertragen. Besonders die Männchen frisch importierter *C. orientalis* streben häufig dauerhaft an Land. Diese Tiere sollten dann im Terrarium gehalten und erst zum Ende der Überwinterung schrittweise wieder an einen Wasseraufenthalt gewöhnt werden.

Abb. 72. Neben oberseits schwarzen *Cynops orientalis* gibt es auch Tiere mit grauer Musterung und hellem Rückenstrich. Bei diesem Weibchen sind auch die kreisförmig hell abgesetzten Hautgruben gut erkennbar.

Als Futter für die sehr kleinen Larven haben sich besonders frisch geschlüpfte Salinenkrebse (*Artemia*) bewährt (BACHHAUSEN 1998).

Abb. 74. Ein Männchen von *Cynops cyanurus*. Charakteristisch sind der große orangefarbene Fleck hinter den Augen und die kräftig blaue Schwanzfärbung.

Abb. 75. Weibchen von *Cynops cyanurus*.

Die restlichen Arten der Gattung

Die vier restlichen Arten der Gattung *Cynops* werden selten oder gar nicht gehalten und ihre Biologie ist praktisch unbekannt.

Vom Chinesischen Tüpfelmolch (*Cynops cyanurus* Liu, Hu & Yang, 1962) existieren einige wenige Zuchtgruppen und es werden gelegentlich Nachzuchttiere angeboten. In der Natur findet man die Art im westlichen China in den Provinzen Guizhou (alter Name: Kweichow) und Yunnan in Gebirgsregionen von bis zu 2600 m Höhe. Die Tiere scheinen dort in Tümpeln zu leben. Von *C.*

cyanurus wurde noch die Unterart *C. c. yunnanensis* YANG, 1983 aus der Provinz Yunnan (Mt. Wulian) beschrieben, die aber nicht allgemein anerkannt wird. Bisher konnte noch kein schlüssiges Konzept präsentiert werden, das die sichere Zuordnung von Exemplaren zu einer der beiden Unterarten erlauben würde.

Insgesamt erinnern manche Tiere von *C. cyanurus* etwas an *C. orientalis*. Ersterer ist aber mit bis zu 12 cm Gesamtlänge etwas größer, weist eine stärker gekörnelte Haut auf und ist oberseits häufig heller, lehmfarbenbräunlich, gefärbt. Zusätzlich besitzt *C. cyanurus* eine deutliche Rückenleiste, die meist hell abgesetzt ist. Namensgebend für die deutsche Bezeichnung Tüpfelmolch sind die hinter den Augen und manchmal entlang der oberen Flankenkante vorhandenen rötlichen

Abb. 76. Männchen von *Cynops cyanurus*.

Abb. 77. Bei diesem Weibchen von *Cynops cyanurus* ist der Hinteraugenfleck unauffällig.

Abb. 78. Larve von *Cynops cyanurus* etwa 37 Tage nach dem Schlupf.

Flecken und Punkte. Besonders bei Jungtieren ist solch eine Musterung sehr auffällig. Unterseits zeichnet sich *C. cyanurus* durch ein variables Muster aus dunklen Flecken auf orangefarbenem bis rötlichem Grund aus. Manchmal können die Flecken zusammenfließen und so ein grobes Netzmuster bilden. Während der Paarungszeit färben sich bei den Männchen Teile der Flanken und der Schwanzseiten bläulich. Haltung und Zucht von *C. cyanurus* entsprechen denen anderer Feuerbauchmolch-Arten. Allerdings berichtet FLECK (2000), dass sich einige seiner Tiere bei Wintertemperaturen zwischen 10-15°C verstärkt auf dem Land aufhalten und im Frühjahr erst wieder schrittweise an einen vollständigen Wasseraufenthalt gewöhnt werden müssen. Bei uns erwiesen sich *C. cyanurus* als starke Laichräuber, die mehr als andere *Cynops*-Arten den eigenen Eiern nachstellten.

Ein ähnliches Aussehen wie *Cynops cyanurus* weist auch der ebenfalls westchinesische *Cynops wolterstorffi* (BOULENGER, 1905) auf. Dieser ist aber mit bis zu 16 cm (Weibchen) Gesamtlänge wesentlich größer. Zudem handelt es sich um eine ganzjährig im Wasser lebende Art, bei der auch ein Großteil der Erwachsenen noch äußere Kiemen aufweist. *C. wolterstorffi* wurde 1905 aus einem See in der Nähe der heutigen Großstadt Kunming (Provinz Yunnan) beschrieben, wo er besonders in den Flachwasserbereichen des Nordufers sowie in angrenzenden Kanälen, Sümpfen und Kleingewässern bis etwa zum Jahr 1950 in großen Mengen gefunden wurde. Danach verliert sich die Spur dieser Art langsam und die letzten Tiere scheinen 1979 gefangen worden zu sein. Heute gilt *C. wolterstorffi* als wahrscheinlich ausgestorben. Die Vermutung liegt nahe, dass Lebensraumverluste durch Trockenlegung, Schadstoffeinträge aus der nahe gelegenen Großstadt sowie die Einführung von Graskarpfen, Ente und möglicherweise Amerikanischen Ochsenfröschen zum Verschwinden der Art geführt haben.

Ebenfalls aus Westchina, aus der Provinz Yunnan, stammt *Cynops chenggongensis* KOU & XING, 1983. Die systematische Stellung dieser Art ist derzeit noch völlig unklar, aus zoogeographischer Sicht scheint jedoch ein Bezug zu *Cynops cyanurus* und *Cynops wolterstorffi* denkbar, die in der gleichen Region vorkommen. Die Art wurde erstmals aus einer Gebirgsregion in 1940 m Höhe gefangen. Von *C. cyanurus* soll sich *C. chenggongensis* nach KOU & XING (1983) vor allem durch eine glatte Haut, eine nur undeutliche Rückenleiste, eine auffällige Schwanz-Fleckung sowie Reihen von orange-gelben Flecken zwischen Schulter und Schwanzbasis unterscheiden. Die Art wird derzeit anscheinend nicht gehalten (BACHHAUSEN 2003a).

Bei der letzten hier noch vorzustellenden Art der Gattung handelt es sich um *C. orphicus* RISCH, 1983. Dieser wurde aus dem Hügelland von Dayang in der Provinz Guangdong im südöstlichen China beschrieben. Der einzige bisher bekannte Fundort der Art liegt schon am Rande der Tropen. Außer den morphologischen-anatomischen Befunden, die in der Originalbeschreibung genannt werden und denen, die FREITAG (1979) unter dem Namen *C. shataukokensis* publiziert hat, ist bisher wenig über diese Art bekannt geworden. Nahrungsanalysen der Typusserie (die schon im August 1936 gesammelt wurde) legen nahe, dass die Art unter Umständen ganzjährig aquatisch lebt. Fotos dieser Art finden sich bei BACHHAUSEN (2003a). In Europa existieren derzeit wahrscheinlich keine Zuchtgruppen der Art.

Als weiterer Vertreter der Gattung *Cynops* taucht in der Literatur verschiedentlich noch der Name *Cynops shataukokensis* FREYTAG & EBERHARDT, 1977 auf. Bei dieser angeblich aus der Umgebung von Hongkong importierten Art konnten RISCH & ROMER (1980) allerdings plausibel machen, dass die betreffenden Tiere seinerzeit mit großer Wahrscheinlichkeit aus Japan nach Hongkong eingeführt wurden und es sich somit um *C. pyrrhogaster* handelt. Eine von uns vorgenommene Untersuchung des im Senckenberg Museum in Frankfurt aufbewahrten Typus-Exemplares bestätigt dies.

Kontaktadressen und Dank

Für den Molchliebhaber von besonderem Interesse ist die AG Urodela der DGHT (www.ag-urodela.de). Die Arbeitsgemeinschaft ist ein lockerer Zusammenschluss von Molch-Interessierten, die sich einmal im Jahr im Herbst zu einer Tagung treffen. Neben Vorträgen und Möglichkeiten zum Erfahrungsaustausch wird dort unter anderen eine kleine Börse geboten, auf der auch Nachzuchttiere erworben oder verkauft werden können. Von der AG-Urodela wird auch das so genannte Molch-Register unterhalten, in dem auch die drei hier näher behandelten Feuerbauchmolch-Arten geführt werden. Die Ziele des Registers sind von der jeweiligen Art abhängig und umfassen unter anderem das Sammeln von Informationen, die Verbreitung von Nachzuchttieren zur Vermeidung von Importen oder etwa auch die Etablierung und Koordination von "fundortreinen" Zuchtgruppen, zum Beispiel von *C. pyrrhogaster*.

Wir möchten uns bei allen Freunden und Kollegen bedanken, die wichtige Informationen und Anregungen beisteuerten. Besonders erwähnt seien KLAUS-DETLEF KÜHNEL (Bestensee) und Dr. MAX SPARREBOOM (Den Haag), die Fotos zu Verfügung stellten. Ein ganz besonderer Dank geht an GÜNTER DIESENER (Maisach), der seinen großen Molchhaltungs-Erfahrungsschatz mit uns teilte und uns auch Tiere zu Fotozwecken zur Verfügung stellte. Nicht vergessen sei Frau WALSER von der Stadtbücherei Erding, ohne deren Engagement einige der chinesischen Literaturzitate nicht zu beschaffen gewesen wären. Bei ALFRED A. SCHMIDT (Frankfurt/Main) bedanken wir uns für die sorgfältige Durchsicht des Manuskripts. WOLFGANG BÖHME (Bonn) nimmt in dieser Runde eine besondere Stellung ein. Er stiftete das erste, unten abgebildete, inzwischen über 15 Jahre alte *C. pyrrhogaster*-Männchen und wurde damit gewissermaßen zum Paten unserer Zucht. Als Spätfolge der resultierenden Molchliaison ist darüber hinaus eine Beziehungs-katalysierende Wirkung auf die Autoren nicht in Abrede zu stellen.

C. pyrrhogaster sasayamae

Literatur

Im Text zitiert

ARBEITSGEMEINSCHAFT URODELA DER DEUTSCHEN GESELLSCHAFT FÜR HERPETOLOGIE UND TERRARIENKUNDE (DGHT) e.V. (ohne Jahr): Allgemeine Haltungsrichtlinien für Molche und Salamander (Schwanzlurche: Urodela). – Rheinbach (DGHT), 10 S.

BACHHAUSEN, P. (1998): Der Chinesische Zwergmolch. Ein dankbarer Pflegling für die voll aquatische Urodelenhaltung. - Elaphe (N.F.), Rheinbach, 6 (1): 13-16.

BACHHAUSEN, P. (2003a): Die Feuerbauchmolche der Gattung *Cynops*. Teil 1. Haltung und Arten. - Reptilia 38, Jahrgang 7 (6) (Dezember 2002/Januar 2003): 61-72.

BACHHAUSEN, P. (2003b): Die Feuerbauchmolche der Gattung *Cynops*. Teil 2. Nachzucht und Molch-Register. - Reptilia 39, Jahrgang 8 (1) (Februar/März 2003): 72-77.

BACHHAUSEN, P. (2003c): Beobachtungen zum Paarungsverhalten von *Cynops pyrrhogaster* aus der Kanto-Ebene. - Amphibia, Rheinbach, 2 (2): 7-10.

BLAUSCHEK, R. (1988): Das Paludarium. Tropisches Leben im Wohnzimmer. – Landbuch-Verlag.

CHAN, L.M., ZAMUDIO, K.R. & D.B. WAKE (2001): Relationships of the salamandrid genera *Paramesotriton*, *Pachytriton*, and *Cynops* based on mitochondrial DNA sequences. - Copeia, 2001 (4): 997-1009.

CHANG, T.-K. & A.M. BORING (1935): Studies in variation among the Chinese Amphibia. I. Salamandridae. – Peking Nat. Hist Bull., 1934/1935, 9 (4): 327-360 + 3 Taf.

FREITAG, G.E. (1979): Röntgenanatomische Befunde am Schädel von *Cynops shataukokensis* nebst Bemerkungen über Arten und Unterarten der Gattung *Cynops* TSCHUDI, 1838 (Amphibia: Urodela: Salamandridae). – Sitz.-ber. Ges. naturforsch. Fr. Berlin, N.F., 19: 70-80.

FRIEDERICH, U. & W. VOLLAND (1998): Futtertierzucht. Lebendfutter für Terrarientiere (3. Auflage). - Stuttgart (Eugen Ulmer), 192 S.

FLECK, J. (2000): *Cynops cyanurus* - ein Kurzportrait. - Elaphe, Rheinbach, 8 (2): 95-96.

GONELLA, H. (1995): Paludarium. Tropenwald im Wohnzimmer. - Ruhmannsfelden (bede-Verlag).

GORIS, R.C. & N. MAEDA (2004): Guide to the amphibians and reptiles of Japan. – Malabar (Krieger Publishing Company), 285 S.

GROSSE, W.-R. (1994): Molche und Salamander. - Leipzig (Urania-Verlag), 104 S.

GROSSE, W.-R. (2004): Die Kellerkiste. – Amphibia, Rheinbach, 3 (2): 23-24.

HAYASHI, T. & M. MATSUI (1988): Biochemical differentiation in Japanese newts, genus *Cynops* (Salamandridae). - Zoological Science, 5: 1121-1136.

HAYASHI, T. & M. MATSUI (1990): Genetic differentiations within and between two local races of the Japanese newt, *Cynops pyrrhogaster*, in eastern Japan. - Herpetologica, 46 (4): 423-430.

HENSELY, M. (1958): A long-lived newt, *Triturus pyrrhogaster*. - Herpetologica, 14: 202.

HOOGMOED, M.S. (1978): An annotated review of the salamander types described in the Fauna Japonica. - Zool. Meded., Leiden, 53 (9): 91-105.

JAHN, J. (1972): Lebendfutter für Aquarien- und Terrarientiere. – Lehrmeister-Bücherei Nr. 17, Minden (Albrecht Philler Verlag), 96 S.

KASSELMANN, C. (1995): Aquarienpflanzen. - Stuttgart (Eugen Ulmer), 472 S.

KAWAMURA, T. & S. SAWADA (1959): On the sexual isolation among different species and local races of Japanese newts. - Journal of Sciences of the Hiroshima University, Ser. B, Div. 1 (Zoology), 18: 17-30.

KOCH, C. (1952): Meine ältesten Urodelen. - Die Aquarien- und Terrarien-Zeitschrift, 5 (1): 18-19.

KÖHLER, G. (1996): Krankheiten der Amphibien und Reptilien. - Stuttgart (Eugen Ulmer), 168 S.

KOU, Z.-T. & Y.-L. XING (1983): [A new species of Cynops from Yunnan.] - Acta Herpetologica Sinica (N.S.), Chengdu, 2 (4): 51-54.

KREFFT, P. (1905): Batrachier- und Reptilienleben in Japan. - Der Zoologische Garten, Jena, 46 (5): 144-153.

MARUNOUCHI, J., UEDA, H. & O. OCHI (2000): Variation in age and size among breeding populations at different altitudes in the Japanese newts, *Cynops pyrrhogaster* Amphibia-Reptilia, Leiden, 21 (3): 381-396.

MATSUI, K., MARUNOUCHI, J. & M. NAKAMURA (2003): Red variants of the Japanese newt *Cynops pyrrhogaster* (Amphibia: Salamandridae): review of records and captive observations on the heredity of coloration. - Current Herpetology, 22 (1): 37-42.

MERTENS, R. (1955): Einige seltenere Salamander Asiens und Amerikas in Gefangenschaft. - DATZ, 8 (2): 47-51.

MERTENS, R. (1969): Über die Rassen des Feuerbauchmolches (*Triturus pyrrhogaster*) und ihre wissenschaftlichen Namen. - Die Aquarien- und Terrarien-Zeitschrift (DATZ), Stuttgart, 22 (4): 97, 114-117.

NAGAI, K. & T. OISHI (1998): Behavioral rhythms of the Japanese newts, *Cynops pyrrhogaster*, under a semi-natural condition. - International Journal of Biometeorology, 41: 105-112.

NIETZKE, G. (1989): Die Terrarientiere 1. Schwanzlurche und Froschlurche (4. neubearbeitete und neugestaltete Auflage). - Stuttgart (Eugen Ulmer), 276 S.

RISCH, J.-P. & J.D. ROMER (1980): Origin and taxonomic status of the salamander *Cynops shataukokensis*. - Journal of Herpetology, 14 (4): 337-341.

SASAKAWA, H. (1992): Wasserpflanzen in Reisfeldern und Lotosteichen gefährdet. - DATZ, Stuttgart, 45 (4/92): 260-261.

SAWADA, S. (1963a): Studies on the local races of the Japanese newt, *Triturus pyrrhogaster* BOIE. I. Morphological characters. - Journal of Sciences of the Hiroshima University, Ser. B, Div. 1, Zoology, 21 (7): 135-165.

SAWADA, S. (1963b): Studies on the local races of the Japanese newt, *Triturus pyrrhogaster* BOIE. II. Sexual isolation mechanisms. - Journal of Sciences of the Hiroshima University, Ser. B, Div. 1, Zoology, 21 (8): 167-180.

SCHMIDT, U. (2004): Der Komposthaufen für das Wohnzimmer. – Amphibia, 3 (2): 8-10.

SPARREBOOM, M. (1994): On the sexual behaviour of the sword-tailed newt, *Cynops ensicauda* (HALLOWELL, 1860). - Abhandlungen und Berichte für Naturkunde, Magdeburg, 17: 151-161.

SPARREBOOM, M. (1996): Sexual interference in the sword-tailed newt, *Cynops ensicauda popei* (Amphibia: Salamandridae). – Ethology, 102: 672-685.

SPARREBOOM, M. & M. MOUTA FARIA (1997): Sexual behaviour of the Chinese fire bellied newt, *Cynops orientalis*. - Amphibia-Reptilia, Leiden, 18 (1): 27-38.

SPARREBOOM, M. & H. OTA (1995): Notes on the life-history and reproductive behaviour of *Cynops ensicauda popei* (Amphibia: Salamandridae). - Herpetological Journal, London, 5: 310-315.

STEINICKE, H. (1976): Beiträge zum Problem unvollständiger Auspigmentierung bei der Aufzucht der Chinesischen Rotbauchunke (*Bombina orientalis*). - Salamandra, Frankfurt/M., 12 (1): 23-26.

WOLTERSTORFF, W. (1898): Die Urodelen Südasiens. - Blätter für Aquarien- und Terrarienfreunde, 9: 90-93, 101-104; 10: 113-115.

WOLTERSTORFF, W. (1928): *Triton (Cynops) pyrrhogaster* 25 Jahre! - Bl. Aquar.-Terrar.-kunde, Stuttgart, 39 (9): 183-184.

ZIMMERMANN, H. (1982): Futtertiere von A-Z. Aquarien- und Terrarientiere – richtig ernährt. – Stuttgart (Kosmos-Frankh), 70 S.

Weitere Literatur

ASASHIMA, M. & V.B. MEYER-ROCHOW (1988): Neoplasia of the stomach in wild Japanese newt *Cynops pyrrhogaster*. - Amphibia-Reptilia, Leiden, 10: 189-182.

BOIE, H. (1826): Merkmale einiger japanischer Lurche. - Isis (Oken), Jena, 1826: 203-216.

BOULENGER, G.A. (1905): Description of a new newt from Yunnan. - Proceedings of the Zoological Society London, 1: 277-278 + Tafel 15.

CHANG, M.L.Y. (1933): On the salamanders of Chekiang. - Contributions from the Biological Laboratory of the Science Society of China, Zoological Series, Nanking, 9 (8): 305-328.

DAVID, A. (1873): Quelques renseignements sur l'histoire naturelle de la Chine septentrionale et occidentale. - Jour. North-China Br. Roy. Asiatic Soc. (N.S.), Shanghai, 7: 205-234.

DIESENER, G. (1978): Der Schwertschwanzmolch, *Cynops ensicauda* HALLOWELL. - DATZ, 31 (12): 425-416.

FANG, P.W. & M.L.Y. CHANG (1931): Amphibia of Nanking. - Contributions from the Biological Laboratory of the Science Society of China, Zoological Series, Nanking, 7 (2): 65-114.

FLECK, J. & J. KRAUSHAAR (2001): *Cynops pyrrhogaster* - ein Kurzportrait. - Elaphe, Rheinbach, 9 (2): 72-74.

FREYTAG, G.E. (1961): Importberichte X (Schluß). - DATZ, 14: 57-59.

FREYTAG, G.E. (1962): Über die Molchgattungen *Paramesotriton* CHANG 1935, *Pingia* CHANG 1935 und *Hypselotriton* WOLTERSTORFF 1934 (Salamandridae). - Mitteilungen aus dem Zoologischen Museum in Berlin, 38 (2): 451-459.

FREYTAG, G.E. (1970): Beobachtungen zum Paarungsverhalten von *Cynops pyrrhogaster* (Amphibia, Salamandridae). - Salamandra, Frankfurt/M., 6 (1/2): 15-17.

FREYTAG, G.E. & H.-J. EBERHARDT (1977): Ein neuer Wassermolch der Gattung *Cynops* aus der chinesischen Provinz Kwangtung. - Salamandra, Frankfurt/M., 13 (3/4): 150-156.

GERLACH, G. (1929): Über *Trit. pyrrhogaster* subsp. *ensicauda* HALLOWELL. - Blätter für Aquarien- und Terrarien-Kunde, 40 (18): 318-319.

GERLACH, G. (1933): Über Zucht des *Triturus* (= *Triton*) *ensicauda* HALL. - Blätter für Aquarien- und Terrarien-Kunde, 44 (3): 38-40.

GERLACH, G. (1934): Das Liebesleben des *Triturus* (*Cynops*) *ensicauda* nebst Bemerkungen über die Aufzucht. - Blätter für Aquarien- und Terrarien-Kunde, 45 (8): 128-130.

GERLACH, G. (1941): Von der Nachzucht des *Cynops ensicauda*. - Blätter für Terrarienkunde, 38 (39/40): 388-389.

GROSSE, W.-R. & M. LAUBNER (1988): Aquatile Amphibien. Der Chinesische Tüpfelmolch (*Cynops cyanurus*). - Elaphe, 10 (4): 72-74.

HAGEDOORN, F. & G. KRIPS (1984): De Japanse vuurbuiksalamander, *Cynops pyrrhogaster* (2). Technische aspekten van het aquarium. - Lacerta, 42 (5): 82-87.

HÜBENER, H.E. (1952): Molchpest beim japanischen Feuerbauchmolch, *Cynops pyrrhogaster* BOIE und eine andere tödliche

Krankheit. - Die Aquarien- und Terrarien-Zeitschrift, 5 (8): 219-220.

INGER, R.F. (1947): Preliminary survey of the amphibians of the Riukiu Islands. - Fieldiana: Zoology, Chicago, 32 (5): 295-352.

KLINGE, W. (1915): *Triton pyrrhogaster*. - Wochenschr. Aquar.-Terrar.-kde., 12 (37): 427-431.

KOPERNIK, U. & H.-J. HERRMANN (1991): Haltung und Vermehrung von *Cynops orientalis* (DAVID 1873). - S. 55-56, in: HERRMANN, H.-J. (Hrsg.): Amphibienforschung und Vivarium. - Schleusingen, 158 S.

KÜHNEL, K.-D. (1983): Durch Nachzucht erhalten: Schwertschwanzmolche aus Riu Kiu. - Aquarien Magazin, 17 (6): 336-339.

LIU, C.-C. (1950): Amphibians of western China. - Fieldiana: Zoology Memoirs, Chicago, Vol. 2, 400 S. + 10 Tafeln

LIU, C.-C., HU, S.-C. & F.-H. YANG (1962): [Preliminary report of Amphibia from western Kweichow.] - Acta Zoologica Sinica, 14 (3): 381-392.

OTA, H. (1986): A review of the reptiles and amphibians of the Amami group, Ryukyu Archipelago. - Mem. Fac. Sci. Kyoto Univ., ser. Biol., 11 (1-2): 57-71.

OTA, H., SAKAGUCHI, N., IKEHARA, S. & T. HIKIDA (1993): The herpetofauna of the Senkaku group, Ryukyu Archipelago. - Pacific Sci., Honolulu, 47 (3): 248-255.

ÖZETI, N. & D.B. WAKE (1969): The morphology and evolution of the tongue and associated structures in salamanders and newts (Family Salamandridae). - Copeia, 1996 (1): 91-123.

PFEIFFER, C.J. & M. ASASHIMA (1997): Ultrastructure of *Rhabdias tokyoensis*, a pulmonary nematode of the Japanese newt (*Cynops pyrrhogaster*). - Amphibia-Reptilia, Leiden, 18 (3): 283-294.

RISCH, J.-P. (1983): *Cynops orphicus*, a new salamander from Guangdong province, south China (Amphibia, Caudata, Salamandridae). - Alytes, Paris, 2 (2): 45-52.

SAWADA, S. (1961): [On local variation of the mating behavior in the Japanese newt, *Triturus pyrrhogaster* Boie.] - Zoological Magazine, 70 (10): 342-347.

SCHOLZ, K.P. (1995): Zur Stammesgeschichte der Salamandridae GRAY, 1825. Eine kladistische Analyse anhand von Merkmalen aus Morphologie und Balzverhalten. - Acta Biologica Benrodis, Düsseldorf-Benrath, 7: 25-75.

SPARREBOOM, M. (1982): De Japanse vuurbuiksalamander, *Cynops pyrrhogaster* (1). Een overzicht van gegevens ouit de literatuur. - Lacerta, 40 (8): 150-159.

SPARREBOOM, M. (1994): Feldbeobachtungen an *Cynops ensicauda* und *Tylototriton andersoni*. - Urodela-Info, 7 (März 1994): 8.

SPARREBOOM, M. (1997): Das Fortpflanzungsverhalten des *Cynops orientalis*. - Elaphe (N.F.), Rheinbach, 5 (2): 93.

STRECK, H. (1974): Der Molch *Cynops ensicauda*, seine Pflege und Zucht. - Das Aquarium, 8 (55): 30-32.

TITUS, T.A. & A. LARSON (1995): A molecular phylogenetic perspective on the evolutionary radiation of the salamander family Salamandridae. - Syst. Biol., 44 (2): 125-151.

TSUTSUI, Y. (1931): Notes on the behaviour of the common Japanese newt, *Diemyctylus pyrrhogaster* BOIE. I. Breeding habit. - Mem. Coll. Sci. Kyoto Univ. Ser. B, 7: 159-178.

VAN LEEUWEN, F. (1984): De Japanse vuurbuiksalamander, *Cynops pyrrhogaster* (4). Voortplanting in gevangenschap. - Lacerta, 42 (12): 230-237.

VAN LEEUWEN, F. & P. MUDDE (1984): De Japanse vuurbuiksalamander, *Cynops pyrrhogaster* (3). Gedrag en verzorging in het aquarium. - Lacerta, 42 (9): 183-189.

WAKE, D.B. & N. ÖZETI (1969): Evolutionary relationships in the family Salamandridae. - Copeia, 1969: 127-137.

WENNMACKER, F. & J. VAN DER ZEE (1993): Der Schwertschwanz-Molch (*Cynops ensicauda*). - DATZ, 46 (4/93): 228-229.

WERNER, J.K. (1977): Taxonomic observations on the salamandrid genus *Cynops* in the Far East. - Herpetologica, 33 (2): 212-213.

WIESNER, H. (1980): Der Schwertschwanzmolch, *Cynops ensicauda* HALLOWELL. - Elaphe, Berlin, 1980 (3): 46-48.

WIESNER, H. (1981): *Cynops shataukokensis*, ein Wassermolch aus China. - Elaphe, Berlin, 1981: 22-23.

WOLTERSTORFF, W. (1906): Bemerkungen über die von Herrn Dr. KREYENBERG in Ostasien gesammelten Frosch- und Schwanzlurche. 4. *Triton pyrrhogaster* subsp. *orientalis* DAVID. - Abhandlungen und Berichte Museum Magdeburg, 1 (3): 123-124, 153-164, Tafel 1.

WOLTERSTORFF, W. (1906): Über *Triton pyrrhogaster* subsp. *orientalis* DAV. - Zoologischer Anzeiger, 30 (17/18): 558-563.

WOLTERSTORFF, W. (1926): Ostasiatische Tritonen. - Blätter für Aquarien- und Terrarienkunde, Stuttgart, 37 (15): 1-4.

WOLTERSTORFF, W. (1929): Bemerkungen zu GERLACH, über *Triton pyrrhogaster* subsp. *ensicauda* HALLOWELL. - Bl. Aquar.-Terrar.-kde., 40 (18): 319.

WOLTERSTORFF, W. (1933): Bemerkungen zu *Gerlach*: Zucht des *Triturus* (= *Triton*) *ensicauda* HALLOWELL. - Blätter für Aquarien- und Terrarien-Kunde, Stuttgart, 44 (3): 40-41.

WOLTERSTORFF, W. (1933): Ueber *Triturus* (= *Triton*) *ensicauda* HALLOWELL. - Blätter für Aquarien- und Terrarien-Kunde, Stuttgart, 44 (3): 35-38.

WOLTERSTORFF, W. (1934): Bemerkungen zu GERLACH, Liebesleben des *Triturus* (*Cynops*) *ensicauda*. - Bl. Aquar.-Terrar.-kde., 45 (8): 130.

WOLTERSTORFF, W. (1934): Über die Gattung *Hypselotriton*. - Zoologischer Anzeiger, Leipzig, 108 (9/10): 257-263.

WOLTERSTORFF, W. (1934): Über *Hypselotriton wolterstorffi* BLGR. - Blätter für Aquarien- und Terrarienkunde, Stuttgart, 45 (21): 384-385.

WOLTERSTORFF, W. (1936): Umwandlung des Farbenkleides bei *Cynops ensicauda* HALLOWELL. - Bl. Aquar.-Terrar.-kde., 46 (5): 105-108.

WOLTERSTORFF, W. (1941): Weiteres vom schwertschwänzigen Molch (*Cynops ensicauda* HALLOW.). - Blätter für Terrarienkunde, 38 (39/40): 387-388.

YANG, D.-T. (1983): [A new subspecies of *Cynops cyanurus* in Yunnan (Caudata: Salamandridae).] - Zoological Research, Kunming, 4 (2): 124.

ZHAO, E. (1988): A checklist of Chinese salamanders, with comments on recently-described taxa. S. 61-67 in: Studies on Chinese salamanders. - Society for the Study Amphibians and Reptiles, Contributions to Herpetology No. 4, Oxford, Ohio, 67 pp.

ZHAO, E. & Q. HU (1988): Studies on Chinese tailed amphibians. – S. 1-44 in: Studies on Chinese salamanders. - Society for the Study Amphibians and Reptiles, Contributions to Herpetology No. 4, Oxford, Ohio, 67 pp.

Originalname, Autor(en) und Zitate der Originalbeschreibungen	Terra typica	aktueller Name
Cynops chenggongensis **Kou & Xing, 1983** [A new species of *Cynops* from Yunnan.] Acta Herpetol. Sinica (N.S.), 2(4): 51-54	"Chenggong County, Yunnan Province, alt. 1940 m"	*Cynops chenggongensis*
Cynops cyanurus **Liu, Hu & Yang, 1962** [Preliminary report of Amphibia from western Kweichow.] Acta Zool. Sinica 14(3): 381-392	"De-wu, Shui-cheng, altitude 1,790 meters"	*Cynops cyanurus cyanurus*
Cynops cyanurus yunnanensis **Yang, 1983** [A new subspecies of *Cynops cyanurus* in Yunnan (Caudata: Salamandridae).] Acta Herpetol. Sinica (N.S.), 2(2): 53-56	"Mt. Wulian, Jingdong County, Yunnan Province, altitude 2600 m"	*Cynops cyanurus yunnanensis*
Cynops cyanurus chuxiongensis **Fei & Ye, 1983** [A new subspecies of *Cynops cyanurus* from Chuxiong, Yunnan.] Acta Herpetol. Sinica (N.S.), 2(4): 55-58	"Chuxiong County, Yunnan Province, altitude 2400 m"	*Cynops cyanurus yunnanensis*
Cynops orphicus **Risch, 1983** *Cynops orphicus*, a new salamander from Guangdong province, south China (Amphibia, Caudata, Salamandridae). Alytes 2(2): 45-52	"Dayang (= Tai-Yong), Shantou Region, Guangdong Province, China, 23°35'N, 115°51'E altitude 640 m"	*Cynops orphicus*
Cynops shataukokensis **Freytag & Eberhardt, 1977** Ein neuer Wassermolch der Gattung *Cynops* aus der chinesischen Provinz Kwangtung. Salamandra 13 (3/4): 150-156	"Umgebung nördlich Sha Tau Kok, Kwangtung" [irrtümlich]	*Cynops pyrrhogaster pyrrhogaster*
Molge pyrrhogaster **Boie, 1826** Merkmale einiger japanischer Schwanzlurche. Isis (Oken), 1826: 203-216	"Japan" [restringiert zu "environs of Nagasaki" durch Hoogmoed 1978: 99]	*Cynops pyrrhogaster pyrrhogaster*
Molge wolterstorffi **Boulenger, 1905** Description of a new newt from Yunnan. Proc. Zool. Soc. London 1: 277-278 + pl. 15	"Yunnan fu, ... about 6000 feet"	*Cynops wolterstorffi*
Pachytriton granulosus **Chang, 1933** On the salamanders of Chekiang. Contrib. Biol. Lab. Sci. Soc. China 9: 305-328	"... Katoutsin, West to Tientai, near Taichow"	*Cynops orientalis*
Salamandra subcristata **Temminck & Schlegel, 1838** Fauna Japonica. Les salamandres. S. 114-135, Tafeln 4 (Abb. 1-3) & 5 (Abb. 7-8) in: Ph. F. von Siebold's Fauna Japonica, Reptilia.	"Japon" [restringiert zu "Nagasaki" durch Hoogmoed 1978: 98]	*Cynops pyrrhogaster pyrrhogaster*
Triton **(*Cynops*)** ***Orientalis*** **David, 1873** Quelques renseignements sur l'histoire naturelle de la Chine septentrionale et occidentale. J. North-China Br. Roy. Asiatic Soc. (N.S.) 7: 205-234	"Tchékiang"	*Cynops orientalis*
Triton subcristatus **var.** ***immaculiventris*** **Krefft, 1898** Demonstration lebender süd- und ostasiatischer Amphibien. Verh. Ges. dtsch. Naturf. Ärzte, 69. Ver., Braunschweig 1897, 2. Teil: 187-188	"Insel Kiu-Siu, bei Moji"	*Cynops pyrrhogaster pyrrhogaster*
Triton ensicauda **Hallowell, 1860** Report upon the reptilia of the North Pacific Exploring Expedition, under command of Capt. John Rogers, U.S.N. Proc. Acad. Nat. Sci. Philadelphia 12: 480-510	"Paddyfields at the Amakarima Isle" und "Ralousima ... the northern half of Ousima proper"	*Cynops ensicauda ensicauda*
Triturus ensicaudus popei **Inger, 1947** Preliminary survey of the amphibians of the Riukiu Islands. Fieldiana: Zool. 32(5): 295-352	"Kin, Okinawa"	*Cynops ensicauda popei*
Triturus pyrrhogaster sasayamae **Mertens, 1969** Über die Rassen des Feuerbauchmolches (*Triturus pyrrhogaster*) und ihre wissenschaftlichen Namen. DATZ 22 (4): 97, 114-117	"Tottori, Inaba, Honshu"	*Cynops pyrrhogaster sasayamae*

Tab. 5. Übersicht über bisher beschriebene Taxa der Gattung *Cynops* Tschudi, 1838

Glossar

Amphibien – (deutsch: Lurche) Klasse der Wirbeltiere, die Froschlurche, Schwanzlurche und Blindwühlen umfasst.

Brunftfärbung – siehe Prachtfärbung.

Carotinoide – gelb-rote Farbstoffe, die in verschiedenen Pflanzen und Tieren enthalten sind.

Dauereier – hartschalige Eier (besonders von Krebstieren), die lange Perioden mit ungünstigen Verhältnissen (etwa Trockenheit, Kälte) überdauern können.

Dorsolateralleiste – kielartige Erhöhung, die in Längsrichtung zwischen der Körperseite und dem Rücken verläuft.

Epidermis – (deutsch: Oberhaut) oberste Schicht der Haut, die mit einer aus Keratin bestehenden Hornschicht abschließt.

Gallerte – Substanz, die u.a. bei Amphibien die eigentlichen Eier in einer dicken, zähelastischen, transparenten Schutzschicht umgibt.

Habitat – Lebensraum eines Tieres.

Hautgift – giftiges Hautsekret, das bei Amphibien durch spezielle Hautdrüsen (Körnerdrüsen) abgesondert wird. Hautgifte dienen der Verteidigung gegen Angreifer und dem Schutz der Haut gegen Bakterien und Pilze.

Holotypus – Exemplar einer Art oder Unterart, auf dem die Erstbeschreibung (= wissenschaftliche Namensgebung) basiert und das damit als das maßgebliches Referenzstück gilt.

Kiemenast – Teile der Kiemenbüschel, welche die zum Gasaustausch mit dem umgebenden Wasser notwendigen, fein gefiederten Verästelungen tragen. Amphibien weisen meist drei Paare von Kiemenästen auf.

Kloake – erweiterter Endabschnitt des Darmes, in den die Ausführungsgänge der Geschlechts- und Exkretionsorgane münden.

Metamorphose – bei Amphibien die Zeit der Umwandlung vom wasserlebenden, kiemenatmenden Larvenstadium zum fertig entwickelten Jungtier (z.B. mit Umstellung der Atmung, Veränderung der Haut, Pigmentierung, Ausbildung von Augenlidern).

Ohrdrüsen – siehe Parotiden.

Parotiden – (auch: Parotoiddrüsen, Parotoiden, Ohrdrüsen) wulstige, knopf- oder bohnenförmige Giftdrüsenpakete der Amphibien im seitlichen Hinterkopfbereich hinter den Augen.

Pigmentzellen – besondere Zellen in der Epidermis (vgl. dort), die Farbstoffe enthalten.

Prachtfärbung – auffällige Färbung, die Männchen während der Paarungszeit annehmen können.

Rezeptor – Reizempfänger für spezifische Reize, z.B. Wasserbewegungen oder Duftstoffe.

Rezessive Vererbung – Teil eines dominant-rezessiven Erbganges, bei dem ein Merkmal bei den Nachkommen nur zur Ausprägung kommen kann, wenn es von beiden Elterntieren weitergegeben wird.

Rückenleiste – (auch: Dorsalleiste) kielartige Erhöhung, die in Längsrichtung über der Wirbelsäule in der Mitte des Rückens verläuft.

Samenträger – siehe Spermatophor.

Schwanzlurche – (auch: Caudata) Ordnung der Amphibien, die alle Molche und Salamander umfasst.

Seitenlinienorgan – Strömungs- und Drucksinnesorgan, dessen Rezeptoren linienartig an den Körperseiten angeordnet sind und sich in der Kopfregion verdichten.

Spermatophor – von Schwanzlurchen während der Paarung abgesetzte, längliche oder konische Gallertmasse, an deren Spitze ein Samenpaket aufsitzt, das vom Weibchen in die Kloake aufgenommen wird.

Salamandridae – vorwiegend in Europa verbreitete Familie der Schwanzlurche, der ein Großteil der altweltlichen Molche und Salamander angehört.

Systematik – Zweig der biologischen Forschung, die sich der Klärung der Verwandtschaftsbeziehungen zwischen den Organismen widmet.

Taxonomie – Disziplin der biologischen Forschung, die sich der Klassifizierung und Namensgebung der Organismen widmet.

Terra typica – Fundort des Holotypus (vgl. dort).

Typusserie – alle Exemplare einer neuen Art oder Unterart, die der Erstbeschreibung (= wissenschaftliche Namensgebung) zugrunde lagen. Siehe auch Holotypus.

Unterart – (auch: Subspezies) geographisch abgrenzbare Form einer Art.

Register

Zahlen die **fett** formatiert sind, verweisen auf Fotos, während *kursive* Zahlen angeben, auf welchen Seiten sich die jeweiligen Verbreitungskarten befinden.

270 Seiten • Preis: 39,90 €
ISBN 3-936180-08-4

Vermehrung von Geckos

Herbert Rösler

Das Buch zur Zucht von dem Gecko-Experten Herbert Rösler behandelt sehr detailliert alle Aspekte der Vermehrung der Geckos. Der Autor gibt in diesem Standardwerk seinen reichen Erfahrungsschatz aus der Praxis und seine besten Tipps zur erfolgreichen Zucht von Geckos weiter. Das Buch stellt eine Synthese aus den eigenen langjährigen Zuchterfahrungen und einer gründlichen Literaturrecherche dar.

Aus dem Vorwort: “Der hohe Anspruch des Autoren an sich selbst und an seine Leser sollte nicht darüber hinwegtäuschen, dass ... die beim “praktischen Züchter” so beliebten kleinen wichtigen “Rezepte” keinesfalls zu kurz gekommen sind, ...” Prof. F. J. Obst.

142 Seiten • Preis: 29,90 €
ISBN 3-936180-06-0

Vermehrung von Chamäleons

Günter Masurat

Das Buch zur Zucht von dem Chamäleon-Experten Günter Masurat behandelt sehr detailliert alle Aspekte der Vermehrung der Chamäleons. Der erfolgreiche Chamäleon-Halter und Züchter Günter Masurat gibt in diesem Buch seinen reichen Erfahrungsschatz aus der Praxis und seine besten Tipps zur erfolgreichen Zucht weiter. Zusätzlich wurden die Kenntnisse aus der umfangreichen Literatur eingearbeitet, sodass sich jeder Chamäleon-Interessierte umfassend über das Thema Zucht informieren kann. Das übersichtliche Layout und die reichliche Bebilderung tragen dazu bei, dass die Anleitungen zu optimalen Zuchtbedingungen bis hin zur Aufzucht der Jungtiere, leicht aufzufinden und umzusetzen sind.

142 Seiten • Preis: 24,80 €
ISBN 3-936180-43-5

Chuckwallas

Gunther Köhler & Hannes Zorn

Dieses Buch ist eine umfassende Darstellung der Echsen der Gattung Sauromalus. Diese faszinierenden Tiere sind als Wüstenbewohner perfekt an trocken-heiße Lebensräume angepasst und besonders die Männchen mancher Populationen sind auffallend kontrastreich schwarz, rot oder weiß gefärbt. So ist es ein beeindruckendes Erlebnis, Chuckwallas beim Sonnenbaden auf exponierten Felsen in der Wüste Arizonas zu beobachten. Gunther Köhler hat mehrere Reisen in den Südwesten der USA unternommen, um Chuckwallas im natürlichen Lebensraum zu beobachten. Hannes Zorn vermehrt Chuckwallas seit mehreren Jahren in einer speziell für diese Tiere konstruierten Terrarienanlage.